LUMINAIRE
光启

守望思想　逐光启航

人与环境

WHAT IS
ENVIRONMENTAL HISTORY?
2ND EDITION

什么是环境史?

修订版

[美]
J.唐纳德·休斯 著
J. DONALD HUGHES
梅雪芹 译

上海人民出版社　LUMINAIRE BOOKS 光启书局

本书系国家社会科学基金重大项目
《环境史及其对史学的创新研究》(16ZDA122)中期成果

目　录

译者导读 …………………………………… 1
中文版序 …………………………………… 1

第一章　环境史概念的界定 ………………… 1
引言 …………………………………………… 3
环境史的主题 ……………………………… 6
与各学科的比较 …………………………… 14
环境史和旧史学 …………………………… 23

第二章　环境史的早期研究 ………………… 31
引言 …………………………………………… 33
古代世界 …………………………………… 33
中世纪和近代早期的环境思想 …………… 42
20 世纪初年 ………………………………… 50

第三章　环境史在美国的兴起 ……………… 57
引言 …………………………………………… 59
从资源保护到环境的美国史 ……………… 61
美国环境史研究的脉络 …………………… 66
环境史的合作者 …………………………… 76

第四章　地方、区域和国别环境史 ………… 89
引言 ………………………………………… 91
加拿大 ……………………………………… 94
欧洲 ………………………………………… 96
地中海地区 ……………………………… 107
中东和北非 ……………………………… 111
印度、南亚和东南亚 …………………… 112
东亚 ……………………………………… 118
澳大利亚、新西兰和太平洋岛屿 ……… 122
非洲 ……………………………………… 128
拉丁美洲 ………………………………… 132
古代世界和中世纪 ……………………… 135
小结 ……………………………………… 136

第五章　全球环境史 ……………………… 157
引言 ……………………………………… 159
世界环境史著作 ………………………… 161
全球重要议题 …………………………… 173
环保运动 ………………………………… 177
世界史教材 ……………………………… 179
小结 ……………………………………… 181

第六章　环境史的问题与方向 …………… 187
引言………………………………………… 189
专业化……………………………………… 189
渲染………………………………………… 191
环境决定论 ………………………………… 194
当下主义 …………………………………… 195
衰败主义叙述 ……………………………… 196
政治—经济理论…………………………… 198
下一组问题 ………………………………… 200
小结………………………………………… 216

第七章　对环境史研究的思考 …………… 221
引言………………………………………… 223
方法指导 …………………………………… 223
材料搜集 …………………………………… 229
现有资源 …………………………………… 233
结论：环境史的未来 ……………………… 236

精选书目………………………………………… 243
索引……………………………………………… 253
J. 唐纳德 · 休斯著述一览 ……………………… 275
译后记…………………………………………… 289

译者导读

梅雪芹

环境史研究的对象即自古以来人类与自然的相互关系。在世界上的很多地方，历史学家和其他人都积极投入这一领域，相关文献数量极多且持续增长，各类学校和大学都在教授这一课程。环境史的读者包括大中学校的学生、其他的学者、政府和企业的决策者以及一般公众，即所有对现代世界的重大环境问题感兴趣的人。

上面这段话，出自《什么是环境史？（修订版）》（*What is Environmental History? Second Edition*）第一章第一段，它对环境史（Environmental History）的介绍可谓开宗明义，简洁明了。这里所谓的开宗明义，指的是作者行文伊始即明确了环境史到底研究什么。紧接着，三言两语，勾勒了环境史在世界各地的发展情况，指明了环境史的读者以及他们为什么要阅读环境史——最简明不过了。对于这部著作及其内容和特点的认识，也可以围绕开宗明义、简洁明了这两个词来思考与分析。

这部著作是已故的美国环境史学家J. 唐纳德·休斯（J. Donald Hughes，1932—2019）生前最后一部作品，在2006年第一版的基础上略加修订而成，于2016年再版。撰述这部著作的目的，休斯在第一版“中文版序”中明确说过：“我奉献本书的目的，是为那些想要一本环境史简明手册的学者以及作为研究助手的研究生提供一份指南，并为了解这一学科已完成的重要工作立一块指向牌。”休斯确定的写作意图显然得到很好的实现；第一版问世后在国际学术界广泛传播，先后有多种语言的译本问世。同行对这部著作以及作者的写作意图高度赞同，以致好评连连：“这本书……当之无愧地成为迄今为止最好的向导”；“对学者来说，这是一份出色的学术发展水平报告，学生也可将其用作绝佳的入门指南。”（第一版中文版封底）

因此，开宗明义，这部著作是“一份指南”和“一块指向牌”，指引学人去把握：什么是环境史？它的发展情形如何？有哪些可资借鉴的成果？如何研究？它有什么作用？如何更好地阅读这部著作？等等。下面将循此思路，逐一解析，力求简洁明了，以便对作者的风格有所体现。

一、什么是环境史？

这是全书的主导问题，休斯集中在第一章“环境史概念的界定”（Defining Environmental History）中作了简明扼要的解答。他说道：“到底什么是环境史？它是一门通过研究不同时代人类与自然关系的变化来理解人类行为和思想的历史。”（本书正文第3页）休斯的定义显然表达了两层意思。第一层意思的原文是“……human beings……in relationship to the rest of nature through the changes brought by time”，旨在说明环境史研究的对象，即聚焦于人类与自然其余部分关系的变化；第二层意思的原文是“……that seeks understanding of human beings as they have lived, worked, and thought……”，旨在说明环境史研究的目的，即从与自然其余部分相关联的新角度理解人类，包括人类的生存劳作及所思所想，也即人类的行为与思想。综合起来，对其定义的完整理解和表述则是：环境史是一门通过研究不同时代人类与自然关系的变化来理解人类行为和思想的历史。

以上述定义为指导，休斯总结了环境史学家选择的主题，并将它们大体划分为三大类：“（1）环境因素对人类历史的影响；（2）人类活动造成的环境变化以及这种变化反作用并影响人类社会变化进程的方式方法；（3）人类环境思想的历史以及人类的态度模式如何激发了影响环境的行为。”（正文第6—7页）进而指出，“环境史的许多研究主要强调这些主题中的一两个，但很可能大都涉及所有这三个主题。”（正文第7页）为了说明这一点，他还分门别类地简要考察了三类主题，不仅揭示了每一类主题的内涵，还列举了每一类主题的代表作，从而使读者得以一窥究竟。

由于环境史研究涉及人类与自然，“环境史学家的兴趣跨越了通常的学科边界，包括人文学科和自然科学之间难以逾越的鸿沟。”（正文第14页）因此，为进一步明了什么是环境史，或者试图厘清环境史研究的特色，休斯还就环境史与各相关学科的关联进行了讨论，主要看法如下：

第一，与其他社会科学的关联：“严格地说，充分展开的环境史叙述应当描述人类社会的变化，因为它们关系到自然界的变化。这样，它的方法与其他社会科学，如人类学、社会学、政治学和经济学的方法就很接近。”（正文第16页）在这里，休斯以艾尔弗雷德·克罗斯比的《哥伦布大交换》* 为例作了说明。

---

* Alfred Crosby, *The Columbian Exchange: Biological and Cultural Consequences of 1492.* Westport, CT: Greenwood Press, 1972, 30th edn. 2003. 有多个中译本。本书“*”号注释均为译者注，下同。

第二，与其他人文探索的关联："环境史……也是一种人文探索。环境史学家对人们关于自然环境的思考以及他们怎样在文学和艺术作品中表达他们的自然观很感兴趣。这即是说，至少在某一方面环境史可以被视为思想史的一个分支。如果这种探询仍是历史学而不是哲学，它就绝不应当偏离这样的问题，即人类的态度和观念如何影响着他们对待自然现象的行为。"（正文第 18 页）在这里，休斯特别指出，克拉伦斯·格拉肯的《罗德岛海岸的痕迹》* 是一部十分优秀的成果。

第三，与自然科学的关联："环境史，在很大程度上来源于对从生态科学理解人类历史的意义的认识"（正文第 20 页）；"它无疑颠覆了直至 20 世纪人们广为接受的世界历史观念"（正文第 21 页）；"人类和生命共同体的其他成员一直处于共同进化的过程中，这个过程并没有随着人类物种的起源而结束，而是持续到现在。历史撰述不应忽视这一过程的重要性和复杂性。"（正文第 22 页）在这里，休斯提及多位生态学家的思想主张，尤其展示了一部名为《颠覆性的科学》的文集的重要性。**

---

* Clarence J. Glacken, *Traces on the Rhodian Shore: Nature and Culture in Western Thought from Ancient Times to the End of the Eighteenth Century.* Berkeley: University of California Press, 1967. 中译本商务印书馆 2017 年版。

** Paul Shepard and Daniel Mckinley, eds., *The Subversive Science: Essays Toward an Ecology of Man*, Boston, MA: Houghton Mifflin, 1969.

不仅如此，休斯还特别比较了环境史与他所称的“旧史学”（the Older History）的区别，认为最根本之处在于“旧史学，当它意识到自然和环境的存在时，是将它们当作布景或背景来对待的，环境史则将它们当作活跃的有助于发展的力量”。（正文第24页）

休斯对“什么是环境史”及其与其他学科之关联的分析，还有他对环境史与其他历史门类之区别和联系的阐述，我在中译本第一版“译者序”中已进行过讨论，读者可以结合参照。总的来看，休斯分析的意义在于指明了思考这些问题的方向，也为其他人或后学留下了很大的思考余地和实践空间。

二、环境史有着怎样的发展情形？

环境史有着怎样的发展情形？这可能是初学者想要了解的一个重要问题。对于这一问题，休斯在第二章到第五章作了较为全面、系统的梳理，大致脉络如下：

第二章“环境史的早期研究”（Forerunners of Environmental History，中译本第一版直译为“环境史的先驱”）篇幅不长，但作用或意义非同小可。除了让人们一定程度上知晓在环境史成为一门历史学科（a historical discipline）之前，古今中外有哪些史学家、哲学家、思想家、地理学家等涉及人与自然关系的思考与著述，更重要的在于指明了如何把握之前的历史著述和相关研究对于环境史的奠基作用。休斯指出，许多环境史学家提出的问题大多是古老的问题，“这些问题持续了几个世纪，直到现代。在较早的思想中，可以识别的环境史主题有：环境因素对人类社会的影响，人类活动引起的自然环境的变化和这些变化反过来对人类历史的影响，以及人类对自然界及其运行的思考的历史。”（正文第33页）这就是说，大致可以从这三个方面或者沿着这三个方向，去认知和探寻前人如何思考人与自然的关系，他们在哪里以什么方式留下了怎样的记载，等等。这些方面或方向，对于人们挖掘环境史兴起的学术资源尤其是本土资源，有着重要的指导作用。

第三章“环境史在美国的兴起”（The Emergence of Environmental History in the United States）总结环境史在美国产生、发展的历程，梳理美国环境史研究的重要主题、代表性人物及其成果等。其中有一个问题特别值得注意。休斯说道：“环境史作为历史学的一个独特分支，是在那里得以冠名并组织起来。”（正文第59页）这涉及如何认识作为学科意义的环境史与一般涉及环境史主题的思考与著述的区别；对此需要把握两个基本点：第一，有没有运用环境史概念，或者说什么时候有了环境史概念？第二，是个别、零星和偶尔的关注还是群体、有组织和长期专门的研究？以此来认识，说20世纪六七十年代环境史首先在美国兴起，应该是无需争议的。因为“环境史”概念或语词最早于20世纪60年代末为美国历史学者所使用，而且美国学者于70年代后期最早组织起来，成立美国环境史学会（The American Society for Environmental History, ASEH），同时创办和发行学会会刊，积极搭建方便同行交流的学术平台，并不断探索环境史发展的方向。

第四章“地方、区域和国别环境史”（Local, Regional, and National Environmental Histories）以及第五章“全球环境史”（Global Environmental History）介绍了世界各地的环境史研究状况。在这里，可以系统了解各地区和国家的相关研究及成果，并且可以根据上面所说的两个基本点，把握美国之外各国各地区环境史作为历史学分支或正式领域而兴起的时间与事件。除此之外，还需要特别明晰一点：这两章里明确使用或凸显了一些门类的环境史。具体说来，在两章标题中使用了“地方环境史”（Local Environmental History）、“区域环境史”（Regional Environmental History）、“国别环境史”（National Environmental History）和“全球/世界环境史”（Global/World Environmental History）等，这些概念在正文中进一步得到细化，以致可以看到很多具体的地方、区域和国家环境史概念。此外，正文中还有“城市环境史”（Urban Environmental History）、“中世纪环境史”（Medieval Environmental History）、“能源利用的环境史”（the environmental history of energy use）等。对于这些概念，有的作了定义，如“能源利用的环境史”，休斯简洁明了地说到，“能源利用的环境史就是在技术所及的范围内一系列资源被开发的故事”（正文第206—207页）；更多的则是点到为止，举例示意，但非常有助于把握和落实环境史实证研究的方向与归属，甚至启发我们提出新的环境史门类概念。

三、有哪些可资借鉴的环境史成果?

《什么是环境史?（修订版）》提供了非常丰富的书目信息，不仅正文中涉及环境史三大类主题的大量著述，而且书后还附有长达十页、厚实丰硕的“精选书目”（Select Bibliography）。因此，虽如休斯自谦的，这部著作“决不是一份完整的环境史指南”（正文第223页），但是他的确步约翰·麦克尼尔（John

R. McNeill）的后尘，“并踏着艾尔弗雷德·克罗斯比（Alfred W. Crosby）、理查德·格罗夫（Richard Grove）、塞缪尔·海斯（Samuel Hays）、查尔·米勒（Char Miller）、维拉·诺伍德（Vera Norwood）、乔基姆·拉德卡（Joachim Radkau）、马特·斯图尔特（Mart Stewart）、理查德·怀特（Richard White）和唐纳德·沃斯特（Donald Worster）等其他开拓者的足迹”（正文第60页），作出了一份出色的有意义的努力。

这即是说，休斯像上面提及的众多学者一样，尽力梳理和总结了美国以及世界其他国家和地区的环境史研究状况，其著作所提供的可资借鉴的环境史成果虽不能说应有尽有，但完全可以帮助环境史初学者开启学习和研究环境史的学术征程。有心的读者不妨亲自动手，分门别类地整理这部著作所涉及的书籍和论文，相信一定会有意想不到的收获。

四、如何研究环境史？

作为一部环境史入门指南，《什么是环境史？（修订版）》对于如何研究环境史的问题当然也不会不做指引。这不仅渗透在各章之中，而且专门作了分析、指点，集中见于第七章“对环境史研究的思考”（Thoughts on Doing Environmental History）。休斯说道，“本章包括学习、研究和撰写环境史的建议，是为那些对这一学科感兴趣，但相对来说还不熟悉它的人准备的。”（正文第223页）他的有关建议则包括“方法指导”（Guidance on Methodology）、“材料搜集”（The Search for Sources）以及“现有资源”（Resources）三大方面，每一方面都有进一步的细化。

在“方法指导”方面，休斯推荐了一些由业内专家所写、在他看来能提供有益指导的如何研究环境史的著述，它们分别是唐纳德·沃斯特主编的文集《天涯地角》中的附录，即《从事环境史研究》，* 卡罗琳·麦钱特的《哥伦比亚美国环境史指南》，** 威廉·克罗农的文章《故事上演之所：自然、历史和叙事》，*** 以及伊恩·西蒙斯的《环境史简介》。**** 对于它们为什么值得推荐、从它们那里可以习得什么等，休斯也逐一作了解

---

* Donald Worster, “Appendix: Doing Environmental History,” in Worster, ed.,*The Ends of Earth: Perspectives on Modern Environmental History*. Cambridge: Cambridge University Press, 1988, pp. 289–307.

** Carolyn Merchant, *The Columbia Guide to American Environmental History*. New York: Columbia University Press, 2002.

*** William Cronon, “A Place for Stories: Nature, History, and Narrative,” *Journal of American History* 78 (March 1992): 1347–76.

**** I. G. Simmons, *Environmental History: A Concise Introduction*. Oxford: Blackwell, 1993.

释，其认识和主张颇具建设性和可操作性。

在“材料搜集”方面，休斯作为资深历史学家，明了“讲述史学方法的人总是强调搜集证明材料的重要性”。（正文第229页）他不仅论及文字材料，并重视口述访谈，还特别强调，“环境史学家还有另一个职责，那就是要熟悉他研究的地方。”（正文第229页）他指出，各地都有可讲述的故事；景观则是一本书，即使它的册页是层复一层的聚积物，它们也能拿来阅读。他还说到，如果有可能的话，就去所拟研究的地方看一看；著述者通过对一地特性的感受能学到很多东西，因为“环境自身能提供在文字材料中发现之外的有价值的证据”。（正文第231页）进而认为，“熟悉某一地区的现存物种，是讨论那里生态历史运行的先决条件。”（正文第232页）这些主张有可能是休斯根据自己的经历和经验有感而发的，这从书中各章所附图片信息中感受得到。那些图片绝大多数系休斯自己所拍，清晰地显示了拍摄时间，最早一张摄于1962年，最后一张摄于2012年，前后跨越了半个世纪，从北美大平原及美国本土的许多地方到欧洲、亚洲、非洲、南美洲和大洋洲无不涉及，足以体现一个环境史学者的世界关怀及研究特色。

在“现有资源”方面，休斯主要介绍了美、英、澳、新及南非等国一些大学和图书馆所拥有的环境史资料以及其他相关资源，它们都是现存可用的重要的资料。此外，他还介绍了欧洲环境史学会汇编的参考书目以及其他网络资源。

上述休斯对如何研究环境史的建议，虽然有可能缺乏具体的针对性，但却是最为基本的指点，包括如何选题、可以参照研究什么问题、叙述应该注意什么规范、如何综合科学与人文路径并将两者调和起来、如何搜集材料并了解研究所涉及的地方等等，这些指点当然是可以通用的。此外，休斯还十分强调，“要准备成为环境史的著述者，最佳途径就是认真阅读可以作为该领域典范著作的书籍。它们可能是经典，已经历时间的检验，并引出了富有思想的评论或新成果；也许是饱受争议之作，在学识和方法论上处于前沿地位。”（正文第 234 页）他也不忘提醒，“研究任何特定的环境史主题的要求都是独特的，在搜索某方面研究的资料库时，重要的是要根据那些要求对藏书的长处与不足进行细致的考察。”（正文第 234 页）这些主张可谓真知灼见，会使我们受益匪浅。

五、环境史有什么作用？

环境史诞生于环境危机形势严峻、人类环境意识空前强烈的20世纪后期。在这样的时代，环境史应运而生，它诞生和存在的意义是什么？或者说，环境史有什么作用？对于这一问题，我在中译本第一版“译者序”中已做过分析、总结。其中说道：“休斯对环境史意义的理解和揭示，可谓丰富而深刻。这主要体现在他就环境史对人类自我意识及其历史观念的修正、对历史学科发展和跨学科研究的推动以及对现实环境问题决策的指导等方面所作的论述。”紧接着，逐一作了比较翔实的解析。*

这里想要强调的一点是，环境史作用问题及思考贯穿了《什么是环境史？（修订版）》全书。休斯在书中不仅反复引述了同行的相关主张和认识，而且作出了自己的思考与回答。譬如，论及环境史对其他历史门类的贡献，休斯引述了美国环境史学家唐纳德·沃斯特的话，说它是“修正派努力的一部分，目的是为了使历史叙述比传统的做法具有更大的包容性。”（正文第4页）他还引述了美国学者威廉·格林（William A. Green）的认识，“环境史研究比任何一种历史研究方法都能更透彻地理解人类在世界共同体中的相互联系，以及人类和地球上其他生物之间的相互依存。”（正文第15页）

* ［美］J. 唐纳德·休斯：《什么是环境史》，梅雪芹译，北京大学出版社2008年版，“译者序”第9—13页。

至于他自己的看法，他也作了明确的表述："环境史之所以有用，是因为它能给历史学家们更为传统的关注对象，如战争、外交、政治、法律、经济、技术、科学、哲学、艺术和文学等增添基础知识和视角；环境史之所以有用，还因为它能揭示这些关注对象与物质世界和生命世界的潜在进程之间的关系。"（正文第25—26页）

对环境史的其他方面作用的分析、说明，休斯同样是引用加自我陈述。譬如，在谈及环境史对现实环境问题决策的指导作用时，他引用了美国学者威廉·克罗农的文章，并说道："威廉·克罗农在《环境史的作用》一文中指出，环境史学家期望为决策者提供信息，这是在正确地发挥他们的作用。"（正文第192页）而在全书的结尾部分，作者总结道："在寻找答案的过程中，环境史可以贡献出重要的视角，以提供导致目前状况的历史进程的知识，过去问题和解决方式的例子，以及对必须处理的历史力量的分析。没有这一视角，决策就会饱受狭隘的特殊利益左右的政治短视之害。环境史可以成为矫治草率反应的一剂良药。"（正文第240页）这种引述加自我陈述的方法，有助于我们充分了解学界对某一问题的已有认识和主张，并启发我们如何自我思索与解答。

六、如何更好地阅读这部著作？

对这部著作的阅读，显然需要根据读者类型和阅读目的而确定阅读内容和方式。关于本书的读者，本文开篇所引的全书第一段中即已提及，其中说道“环境史的读者包括大中学校的学生、其他的学者、政府和企业的决策者以及一般公众，即所有对现代世界的重大环境问题感兴趣的人”。对此，还可以根据实际情况，将环境史读者归纳为一般爱好者和专门研究者两大类，以此来认识如何更好地阅读的问题。

对一般爱好者来说，可以按照自己的兴趣喜好，浏览、翻阅书中的相关内容；或者根据日常关注的环境问题和环保行为，在书中找到对应的历史著述作专门性阅读。简言之，即是为观照现实而走进历史世界，这也是一般的历史爱好者通常开启的历史阅读方式。譬如，前阵子，云南大象北上，一时间引发了无数人的关注。这时，有许多人想到了伊懋可所著的《大象的退却：一部中国环境史》，于是想要从这部中国环境史著作中了解历史上大象在这片国度生存栖息的状况。而休斯在书中谈及中国的环境史研究时也特别指出，“在中国之外的学者所做的重要研究中，人们可以放心地参阅伊懋可的

《大象的退却：一部中国环境史》。”（正文第119页）通过阅读《大象的退却》，人们还可以对比历史上人象之间几千年搏斗以及现时代各方人士对大象的呵护，从中感受到今日之人环境意识大为增强的情形。

就专门研究者而言，在一般阅读、了解该著作的内容之后，应根据自己研究的需要作专题性的精读与思考。而思考的时候，更需要批判性地阅读、分析，尤其要重视休斯在第六章“环境史的问题和发展趋势”（Issues and Directions in Environmental History）中所提及的许多问题，甚至要以此检验许许多多的环境史著述的优劣长短。此外，还需要进一步查考《什么是环境史?（修订版）》本身存在的问题。

由于休斯兼具环境史开创者、环境史杂志编辑和众多环境史学家之私交的特殊身份，他关于环境史的阐释和著述对于我们更好地理解和把握环境史是大有帮助的。然而，正如他所说的，“在目前该领域活力十足的状况下，每月都有值得一读的新作问世，它们卓尔不凡，是那些更年轻或先前未被认识的学者写的。”（正文第235页）这表明，环境史学在不断发展、变化，《什么是环境史?（修订版）》本身肯定会有不少遗漏，我们自己还需要不断地跟进和追踪。不仅如此，该书也有信息介绍不准确甚至错误的情况存在。譬如休斯对中国部分的介绍就遗漏了许多重要文献，而且出现了错误。以此类推，他对其他国家和地区的研究信息的介绍有可能存在同样的问题。因此，作为专门研究者，我们必须谨慎对待和处理。

此外，作为专门研究者，我们还需要从这部指南出发，进一步思考种种问题。首先，是否认同作者对环境史的定义?如果不认同，你自己又如何定义?其次，如果认同并依循作者对环境史定义的思路，在历史研究中，如何通过对各个时期人类与自然关系的研究，理解人类的行为和思想?在具体研究中，如何借鉴相关学科的方法并很好地落实?在历史叙述中，如何认知自然与文化协同进化的史实并整理成完整的故事?还有太多的是否和如何的问题，可以一一提出。这或许可以从休斯提及和介绍的文献中找到答案，但一定要亲自去寻找、解答并撰述出来。

最后，需要说明一下原著第二版的修订情况。与第一版相比，这一版内容有所增加，包括这里开篇引用的那段话就是新增的。当然，总的来看，第二版新增篇幅并不大，所增加的主要是第一版问世后世界上一些地方的环境史研究信息，以及对更多问题的关注，这在第三、四、五、六章都有体现。此外，休斯对各章都有所修订，但所修订之处主要在文字措辞方面，由此体现了一种值得学习的精益求精的学术品格。同时，休斯增添或调换了一些图片，而第二版封面图片的变化特别值得提及。第一版封面是一只老虎，形单影只，让人联想到物种衰亡的历史情形。第二版封面是一棵树，枝繁叶茂，根须绵延，仿佛散发着泥土的芬芳。它既象征着滋养文明的大地和林木的郁郁葱葱的样貌，也意味着环境史在世界各地开枝散叶的盛景——这不正是环境史使古老的历史学焕发勃勃生机的生动写照和力量所在吗?!

2021 年 8 月 25 日星期三

于清华大学照澜院公寓

中文版序

J. 唐纳德·休斯

作为作者，本书中文版的出版对我来说是一种荣誉，而且我相信，对于环境史的学术成就来说，也是一件意义重大的事情。这是目前唯一一部描述世界各地环境史研究和撰述史的专著。之前，有一些较短的文章，以特定国家和地区为主题，或试图以全球视野来写作，其中大部分被列入本书的书目之中，但迄今这种篇幅的作品尚未问世。本书对从古至今环境史上的思想家、论题和观点作了概括，其地理视角包括整个地球。

我奉献本书的目的，是为那些想要一本环境史简明手册的学者以及作为研究助手的研究生提供一份指南，并为了解这一学科已完成的重要工作立一块指向牌。该学科与目前正经历生态变化的这个世界有许多的关联，而这一变化影响着每一个国家的经济和生活方式。环境史是一门快速发展的领域，要跟上它的发展，可是一项艰巨的任务，我希望本书对愿意这么做的学者会有所帮助。追踪文献是一项永无止境的工作，任何人，包括我在内，都不能声称掌握了环境史的全部文献。我所希望的是，我，一位从三十多年前作为一门自觉的历史学科的环境史初生之时就一直活跃于这一领域的学者，一位为其中的一份杂志工作过一段时间的编辑，一位出席过以这一主题举办的大多数会议的与会者，一位不仅仅熟读了重要的环境史著作，也与相当一部分作者私交甚笃的读者，能够提供一种独特的视角。

为撰写环境史，就必须有一个可行的定义，即了解这一主题包括什么。首先，其标题包括“环境”和“历史”两个术语：其中第一个关系到更加普遍的“自然”观念，第二个关系到更加普遍的“文化”观念。不同的学者将他们的重点置于其中的这一个或那一个。有一些学者更愿意主要考察环境的历史，即景观和自然生态系统中曾发生的变化。显然，人类已引发了其中的许多变化，但其他重要变化的发生，是自然因素的结果。纯粹的自然变化通常被理解为属于科学的范畴，然而这可能意味着，环境史，如果简单定义为环境的历史，就如同地理学一样，是某种科学的一个分支。我并不否认科学对于环境史有着非常重要的价值。环境史学家应该运用历史和科学这两种工具，然后努力跨越它们之间的鸿沟。为了理解环境——我们自己所选择的标题中的第一个术语，我们必须熟练地掌握自然科学的语言，并能够利用科学就我们选择研究的历史领域所能教给我们的东西。

其他学者则强调这一主题的文化方面。对他们来说，我们所有的自然知识体现了人类与自然的互动，因此显然是一种社会建构。有一些学者认为，由于人类重新塑造了这个星球，未受干扰的自然已不复存在。他们声称，荒野完全是一种文化上的发明。而且，他们补充，独特的自然观念是人类的一种创造，与自然绝不相干。这样的哲学观点中有其不可回避的合理之处，因为历史是一种人类活动，必然涉及某种人类观点。环境史学家虽不采纳自然并非独立存在的极端看法，但可以承认他们学术活动的社会蕴涵。作为历史学家，环境史学家必须彻底坚持他们运用的史学方法，找出所有可资利用的文字资料，对它们进行里里外外的考证，并仔细地加以解释。像所有的历史学家一样，我们在同仁面前一定要被认为符合了学科要求。

在本书中我所采用的定义介于上述两种极端之间，以试图认识这两个术语的重要性及相互影响。在我看来，环境史是“一门通过研究不同时代人类与自然关系的变化来理解人类行为和思想的历史”。在环境史的这一定义中我所考虑的是，其主题必须同时包括自然和文化。简而言之，它规定，一项研究除非既考虑人类社会中的变化，又考虑它们与之接触的自然界中各方面的变化，并将两方面的变化联系起来，否则就不能称为环境史。这两方面变化的关系，几乎在每一个事例中都是一种相互影响的关系。环境中人类引起的变化，事实上总是在文化状态中回荡并产生变化。在我所说的这个意义上，一门不包含这两种术语的历史便不能称之为环境史。一些人可能会反对，认为我的定义有“人类中心论”或人类中心的成分，这确是如此，并且我认为这是不可避免的，尽管我还有一个更大的“生态中心”整体视域。人类毕竟是自然的一部分，但与其他大部分物种相比，我们已使大地、海洋和天空改头换面，使地球上与我们共享空间、时间的动植物面目全非。我的可行定义的麻烦在于，与试图在我所说的两种对立观点之间保持平衡比起来，它有时候更容易保留激进态度。

最后说说在本书中我所考虑的东西，那就是，环境史在本质和定义上意味着一种非常广阔的视角，包括全球意义上的环境，以及从起源延伸到现在甚至凝视着模糊不清的未来的历史在内。也就是说，它的范围不论在时间层面还是在空间层面都是很广的。首先，让我们看看时间。我的论点是，环境史领域考察人类历史中的每一个时间段，包括史前、古代、中世纪和近现代。虽然个别的研究以较短时期作为其分析框架，但环境史的事业拓展范围所受的限定，仅仅是对人类社会与自然环境互动的考虑，而不是对所存在的任何特定的互动模式，或任何特定的环境认知方式，或当时的互动程度的考虑。这对中国尤其适用：在这里，历史资料提供了过去数千余年的信息。我特别反对通常的——如果表达不清楚的话——看法，即环境史应专注于现代世界。古代和中世纪在环境史中也值得仔细研究。或许绝大部分人类—环境关系模式以及使之展现的制度起源于这些时期，并朝着其现代的表现方式演进。当然，由于资料的丰富、变化的速度以及最近所出现的环境意识，现代世界将不可避免地需要最大程度的研究。

对环境史来说，时间上适用的东西在空间上也适用。这就是说，不管我们可能怎样决定划分出具体的研究范围，就我们的学科而言，整个地球都是我们研究的对象。也许，其范围甚至超越了地球，因为太阳辐射的能量与月球引发的潮汐也是重要的环境影响因素。就像每一个现代历史时刻都与长期形成的过去相联系一样，每一个地方或地区都存在于生态圈环境之中，历史学家忽略这一事实就要自担风险。甚至书写一座花园的环境史都需要意识到它在这颗星球上的所在。实际地说，因为研究和写作必须有个暂停，所以，至少截至下一本书，每一项研究都必须以有限的空间和特定的时段为基础。但从理论上说，依其特有的性质，严肃的环境史必须认识到与一个更大且具有包容性的系统的许多联系。

2008 年 3 月

第一章

环境史概念的界定

引言

1

环境史研究的对象即自古以来人类与自然的相互关系。在世界上的很多地方，历史学家和其他人都积极投入这一领域，相关文献数量极多且持续增长，各类学校和大学都在教授这一课程。环境史的读者包括大中学校的学生、其他的学者、政府和企业的决策者以及一般公众，即所有对现代世界的重大环境问题感兴趣的人。

到底什么是环境史？它是一门通过研究不同时代人类与自然关系的变化来理解人类行为和思想的历史。人类是大自然的一部分，但与其他大多数物种相比，我们已造成大地、海洋和天空的深远改变，并使共享地球的他类生命面目全非。人类造成的环境变迁反过来又影响了自己的社会和历史。环境史学家往往认为，人类社会和个人与环境相互联系，彼此改变，这是不可避免的事实，我们在历史撰述中应该始终予以承认。

论及环境史对其他历史门类的贡献，唐纳德·沃斯特，一位卓越的美国环境史学家说，它是“修正派努力的一部分，目的是为了使历史叙述比传统的做法具有更大的包容性”。[1] 历史学家应当将人类事件置于它们发生的语境也即整个自然环境之中来理解。正如美国环境史学家威廉·克罗农所说的，历史叙述必须“具备生态意识”。[2] 从人类诞生到现在，人类事件和生态进程相互作用的主题在各编年时期一直在起作用。

2

20 世纪最后 40 年间环境问题受到全世界的关注，在当前这个世纪其重要性进一步增强，这表明我们需要

印度喜玛拉雅山脉的河流，因源头森林滥伐产生的侵蚀物质而阻塞。作者摄于 1994 年

环境史；环境史将有助于理解人类以什么方式在某种程度上造成了环境问题，对环境问题作出了反应并试图加以解决。环境史的一个贡献是使史学家的注意力转移到时下关注的引起全球变化的环境问题上来，譬如：全球变暖，气候类型的变动，大气污染及对臭氧层的破坏，包括森林与矿物燃料在内的自然资源损耗，因核武器试验和核电设施事故而扩散的辐射危险，世界范围的森林滥伐，物种灭绝及其他的对生物多样性的威胁，趁机而入的外来物种对远离其起源地的生态系统的入侵，垃圾处理及其他城市环境问题，河流与海洋污染，荒野的消失，享受自然美和消遣娱乐之场所的丧失，以及包括旨在影响敌手的资源与环境的武器和手段在内的武装冲突所造成的环境影响。虽然这足以表明构成当代环境危机的变迁的多样性和严重性，但令人遗憾的是，上面列的清单仍不完整。许多这样的问题似乎只是近来才出现，但毫无疑问，它们的巨大影响贯穿了整个20世纪，其中大部分在先前所有历史时期都有重要的先例。环境史学家已注意到当代的这些问题，然而他们也认识到，自古至今，人类与环境的关系在每一历史时期都起到了关键作用。

3

环境史学家意识到人类社会和自然系统的关系已经发生变化。一些时期变化慢，一些时期变化快；甚至某些偏远的传统社会，业已面临诸如资源枯竭、人口增减、新工具发明以及包括病害在内的不常见生物的出现等因素所造成的压力。当变化迅速而且秩序重组时，科学史学家卡罗琳·麦钱特使用的术语“生态革命”就很恰当。[3]何塞·帕杜亚指出了另一组“在理解自然界及其在人类生活中的地位方面的认识论的重要变化”，包括：

（1）认为人类活动可能极大地影响了自然界甚至达到了使之退化的地步；（2）在我们认识世界的年代里程碑上发生的革命；（3）将自然视为历史，也就是一个随时间推移而建立和重建的过程。[4]

4

环境史的主题

环境史学家是一个多样化的群体，他们的个人兴趣和研究路径、他们对历史学的方法和主题以及对环境的见解都有所不同。但他们所选择的主题可以宽泛地划分为三大类，即：（1）环境因素对人类历史的影响；（2）人类活动造成的环境变化以及这种变化反作用并影响人类社会变化进程的方式方法；（3）人类环境思想的历史以及人类的态度模式如何激发了影响环境的行为。环境史的许多研究主要强调这些主题中的一两个，但很可能大都涉及所有这三个主题。

例如，有一本涉及这三大主题的书，即沃伦·迪安和斯图亚特·施瓦茨的《因为大斧和火把：巴西大西洋沿岸森林的毁灭》，[5]它在某些方面是环境史著述的典范。两位作者一开始讨论了森林自身的进化，继而谈到它对来此地居住的人们的影响。他们描述了森林被伐除及其被农业和工业取代的接连不断的过程，分析了欧洲殖民前后包括种植园主、科学家、政治家、实业家和资源保护者等群体在内的居民对森林及其开发的态度。他们基本上在每一章都融合了这些主题。

让我们简要地考察一下这三类主题。第一类主题考虑的是环境本身及其对人类的影响。对环境的理解可以包括地球及其土壤和矿产资源、咸水和淡水、大气、气候和天气、生物即从最简单到最复杂的动植物以及最终来自太阳的能量。从事环境史研究，理解这些因素及其变化是十分重要的，但环境史并不只是环境的历史（the history of the environment）。这对关系中常常包含了人类一方。地质学和古生物学研究的是人类进化之前那广袤的地球行星的年表，但唯有这些主题影响到人类事务时环境史学家才将其作为他们叙述的一部分。这

5

意味着环境史不可避免地具有一种以人为本的路径，当然，环境史学家敏锐地意识到，人类不过是自然的一部分，他们依赖于生态系统，并且不能完全操纵自己的命运。环境史的确可能会矫正人类所盛行的那种思想倾向，即认为他们可以脱离自然，凌驾于自然之上，并掌控自然。

对环境影响人类历史的研究包括这样一些主题：气候和天气、海平面的变化、疾病、野火、火山活动、洪水、动植物的分布和迁徙，以及其他在起因上通常被视为非人为、至少主要部分不是人力所致的变化。通常，环境史学家在研究这些因素的影响时必须依靠科学家的报告作为背景资料，而地理学家或其他科学家在讨论他们工作的意义时，其实也会成为环境史学家。一些人，比如贾雷德·戴蒙德就认为，[6]正是总体的环境状况、陆地和海洋的范围和分布、资源的有效性、适于驯化的动植物以及相关的微生物和病媒的存在或缺失，使得人类文化的发展成为可能，甚至预设了发展方向。有人重点强调环境在人类历史中的塑造作用，这被称为“环境决定论”（environmental determinism），一个由来已久的观念。

疾病在历史中的作用就是有关环境影响主题的范例。至少自古希腊医学之父希波克拉底时代以来，人们一直持有各种疾病皆因环境状况而引发的观念。[7] 人类活动固然在传染性疾病的传播中起到了重要作用，但传染性疾病对未暴露人群的骇人侵袭以及大瘟疫导致的死亡表明，疾病往往是人类无法控制的一股力量。威廉·麦克尼尔的《瘟疫与人》对这一主题作了广泛的考察。[8] 在环境史杰作《哥伦布大交换》[9] 中，艾尔弗雷德·克罗斯比提出，征服美洲的欧洲人取得成功的一个主要原因，是他们不经意间随身携带了传染性疾病；对于这些疾病，他们因长期暴露其中而产生了抗体，但新大陆“从未受感染”的人们却遭受了灾难性的影响。欧洲人发现，他们不仅很少遇到那些战败且人口大量减少的土著美洲人的抵抗，而且也被剥夺了更多原本可以提供的劳动力。他们试图从非洲进口奴隶来填补，在一定程度上，这些人与欧洲人一样，都具有抵挡旧世界疾病的抗体。关于这一主题的研究，有约翰·艾利夫论非洲艾滋病的著作以及约翰·麦克尼尔论新大陆蚊媒疾病的著作。[10]

6

第二类主题是评估人类作用引起的变化对自然环境的影响，以及这一影响反过来对人类社会及其历史的影响；从环境史学家的著作数量来看，这无疑是环境史研究中占主导地位的主题。人类活动包括狩猎、采集、捕鱼、放牧和农业等一些提供基本食物的活动种类，另外一些包括通过水利、林业、采矿和冶金等提供基本材料的活动，它们创建了从村庄到大城市等日益复杂的人类定居组织。几个世纪过去了，影响战争在内的大部分人类活动的技术和工业变得越来越复杂，并消耗了更多的人力。1750年以来的工业革命就是如此，它从化石燃料中获取能源，创造出具有强大效应的机器。从人类的观点来看，所有这些都在许多方面影响了自然环境，既有积极的影响也有消极的影响。其中许多活动使得环境更听从人类的遣用，但所有的活动都引起了可能具有损害性的其他变化，比如森林乱砍滥伐导致侵蚀、灭绝导致的生物多样性的减少、沙漠化、盐碱化以及污染。在最近几十年，新认识到的有害变化包括放射性沉降物、酸沉降，以及因大气中日益聚集的二氧化碳及其他“温室气体”的影响而出现的全球变暖。一些环境史学家描述了社会如何试图通过污染控制和自然资源保护而强化积极影响并限制消极影响，包括对国家公园、野生动物保护区等的维护，以及对濒危物种的保护。另外一些人则追溯了有关环境的政治决策过程，以及环保运动与通常强大的对手之间的斗争。

7

环境史研究会关注人类行为对自然环境的影响，其中许多成果将在下文中予以考量。应当指出的是，还有其他的研究上述那些人类活动的历史门类，譬如城市

莫桑比克戈龙戈萨县坎大村（Canda，Gorongosa，Mozambique）的妇女和儿童顶着柴火，这是人类依赖生态系统的一种方式。多明戈斯·莫阿拉（Domingos Muala）摄于2012年

史、技术史、农业史、森林史等，它们大多与环境史有着同样的议题和兴趣。例如，森林史和环境史在方法上有许多共通之处，因此，森林史学会（The Forest History Society）和美国环境史学会自1996年以来共同出版了一份名为《环境史》（*Environmental History*）的杂志。

8

强调第二类主题的著作数量很多，大部分十分优秀，因此难以在这里选出少数几部加以论述；不过，下面介绍的三部研究人类影响环境的著作可以作为范例。

马立博在《虎、米、丝、泥：帝制晚期华南的环境与经济》[11] 中描述了水稻种植的发展以及包括丝绸出口在内的市场变化如何改变了中国南部地区的景观，而这种发展作为一项帝国政策部分是为了满足日益增长的人口需要。约翰·奥佩撰写了一部研究大平原（Great Plains）蓄水层的著作，即《奥加拉拉：供应旱地的水》，其中揭示出美国西部对水的需求如何导致开采并耗尽了位于大片高原下的地下水储层。[12] 约翰·麦克尼尔的《太阳底下的新鲜事》追溯了 20 世纪人类对土地、大气和生物圈造成的史无前例的影响，指出了产生这些影响的变革的引擎，即人口和城镇化、科技以及驱使人类行动的思想观念与政治。[13]

环境史的第三类主题是研究人类对自然环境的思考与态度，包括自然调查、生态科学以及宗教、哲学、政治意识形态和大众文化等思想体系对人类对待自然的各个方面的影响。如果不关注社会与思想方面的历史，就不可能理解地球及其生命系统中所发生的事情。正如唐纳德·沃斯特指出的，这方面的历史使人类有了一种独特的际遇，“其中，观念、伦理、法律、神话和其他的意义体系成为个人或群体与自然对话的一部分。”[14]

有一部考察人们对环境的态度的名著，即罗德里克·纳什的《荒野与美国思想》，[15] 1967年首次出版，现因查尔·米勒（Char Miller）的帮助发行了第五版。纳什讨论了欧裔美国人对自然的各种态度——既有积极的也有消极的，以及这些态度对北美荒野地区的保存和开发的影响，从它们在欧洲的起源一直探讨到20世纪。他虽然揭示了美洲土著印第安人在欧裔美国人面前的表现方式，但并未试图去审视他们对自然的看法。我在《北美印第安人的生态学》中探讨了美洲印第安人的环境观，谢泼德·克雷希则在《生态印第安人》中从相反的角度作了类似的讨论。[16] 格雷戈里·史密瑟斯在一篇发人深思的文章中试图超越"生态印第安人"的刻板印象，"与印第安人的环境知识和社会实践进行更有意义的接触"。[17] 彼得·科茨的《自然：自古以来西方人的态度》追溯了历史上人们对自然的态度的变化。[18]

许多环境史学家认为，人们的想法和信仰是一种原动力，会影响他们在自然界中的行为。另一些人指出，无论是受戒律约束还是出于个人见解，人们善于调整态度以满足其需要和欲望，这在环境领域和其他任何领域都是千真万确的。

与各学科的比较

约翰·麦克尼尔简洁地指出，环境史研究的“跨学科实践是智识探索可以达到的。”[19] 环境史学家的兴趣跨越了通常的学科边界，包括人文学科和自然科学之间难以逾越的鸿沟，他们不知不觉地从广泛的专业中搜集信息，阅读史家一贯忽视或避而不读的书籍。同时，许多学科的学者都被环境史迷住了，他们亲自撰写环境史，常常做得很出色。环境史书由地理学、哲学、人类学和生物学等学科的作者撰写，这在其他大多数历史学科中并不常见。接下来的部分将说明环境史与社会科学、人文科学以及包括生态学在内的自然科学的关系。

10

与其他社会科学的关联

历史学有时候被认为是一门社会科学。对于作为历史学的一个分支的环境史，也可以作如是观，因为在某种意义上它研究的是人类社会如何随着时间的推移而与自然界发生联系。唐纳德·沃斯特在“从事环境史研究”这篇颇具影响的论文中，将环境史当作历史学科内部的一场革新运动；但他指出，作为该文重要主题的那

"三组问题"，每一组都借鉴了"一系列外部学科"。[20]澳大利亚历史地理学家鲍威尔辩驳说，环境史并非史学的一个分支学科，而是一种跨学科的方法论。[21]鲍威尔的断言至少有实证依据，因为即使是最贴近历史专业的环境史学家也承认，环境史中很多有价值的著作以及相当大一部分著作都是由涉足其他学科的学者完成的。

威廉·格林认为，环境史研究比任何一种历史研究方法都能更透彻地理解人类在世界共同体中的相互联系，以及人类和地球上其他生物之间的相互依存。[22]他进一步说到，环境史补充了经济、社会和政治等传统的历史分析形式。

这可能是这门学科本身跨学科的结果，因为要恰当地从事环境史研究，就需要熟悉生态学和其他自然科学，还有科技史、地理学以及社会科学和人文科学的其他分支。有几个历史领域与环境史密切相关，因此不可能总是划出一条严格的分界线。而且，如斯蒂芬·多弗斯评论的，"很难确定历史地理学和环境史的界限"。[23]历史地理学家发现，他们与环境史有共同的边界，能无所顾忌地跨越这一边界，写出一些环境史佳作。伊恩·戈登·西蒙斯是这类地理学家中的佼佼者，他的《改变地球的面貌》[24]一书以技术为基础对该主题进行简要考察，其中考虑了不同的环境变化率、预测问题以

11

及影响决策和执行的议题。同样，他的《环境史》[25]也是一部有价值的概述作品，它强调了历史研究的科学基础。安德鲁·古迪的出色文本《人类对自然环境的影响》已出第七版。[26]

在赖利·邓拉普于1980年编辑的系列论文中，生态学范式被应用于社会科学。他在自己的论文中指出，社会科学很大程度上忽视了人类社会有赖生物物理环境而生存这一事实，并将人类从支配所有其他生命形式的生态原则中排除出去。[27]为纠正这一现象，他和其他一些作者将源自生态学的模型运用到他们自己的学科之中，譬如社会学（小威廉·卡顿和邓拉普）、政治学（约翰·罗德曼）、经济学（赫尔曼·戴利）和人类学（唐纳德·哈德斯蒂）。[28]历史学虽不在其列，但越来越多的像威廉·麦克尼尔和艾尔弗雷德·克罗斯比[29]这样的史学家已在考虑，生态学范式会如何改变我们对人类过去和现在的理解。

严格地说，充分展开的环境史叙述应当描述人类社会的变化，因为它们关系到自然界的变化。这样，它的方法与其他社会科学，如人类学、社会学、政治学和经济学的方法就很接近。这方面的一个很好的例子可能是艾尔弗雷德·克罗斯比的《哥伦布大交换》。[30]该书表明，欧洲人对美洲的征服远远不只是军事、政治和宗教的过程，因为它涉及欧洲生物的入侵，包括驯养物种以及老鼠这类趁机而入的动物在内。欧洲的植物，不论是作物还是野草，排挤或代替了本土植物；并且与战争相比，欧洲微生物对当地人口的影响甚至更具灾难性。

环境史的一个重点是研究环境政策中的政治表达形式。许多国家都将这一点体现为颁布环境法，创建环境部和政府机关等行政部门，委托它们执行环保工作。就立法展开的斗争也是故事的一部分；斗争的一方是环境组织，另一方是利益集团。塞缪尔·海斯的《1945年以来的环境政治史》考察研究了美国的相关政治结构和政策结果。[31]奥利弗·霍克在《夺回伊甸园》中收录了8个来自世界各地的精选环境法案例研究。[32]至于全球环境政治研究的历史，迪米特里斯·斯蒂维斯撰写了一个很有帮助的词条，收录在《国际研究百科全书》之中。[33]

12

环境史同样也与经济学相关。经济学中的“eco-”与生态学中的“eco-”来自同一词根，源自希腊语的*oikos*，意为“家庭”（household），隐含着对预算或有人居住的世界（*oikoumene*）的家务管理。不管人类是否愿意，也不管人类是否意识到这一点，经济、贸易和世界政治都要受经济学所谓“自然资源”的有效利用、地理分布和有限性的制约。生态经济学领域几乎在同一时间与环境史一样获得了认可，它们在某种程度上具有齐头并进的发展轨迹。[34]

与其他人文探索的关联

环境史如同历史学本身一样，也是一种人文探索。环境史学家对人们关于自然环境的思考以及他们怎样在文学和艺术作品中表达他们的自然观很感兴趣。这即是说，至少在某一方面环境史可以被视为思想史的一个分支。如果这种探询仍是历史学而不是哲学，它就绝不应当偏离这样的问题，即人类的态度和观念如何影响着他们对待自然现象的行为。不管怎样，确定个人和社会方面有什么重要的观点，也是环境史事业的有效组成部分。在这一领域有一部十分优秀的成果，即克拉伦斯·格拉肯的《罗德岛海岸的痕迹》，[35]这本书探讨了自古代到18世纪西方文献中三种主要的环境思想。它们认为，宇宙是上帝设计的；环境塑造了人类；不管好坏人类改变了他们所居住的环境。在鼓励或禁止影响环境的行为方面，各种宗教和文化传统的作用是许多评论和争议的主题。一个非常著名而颇受争议的例子是林恩·怀特的文章《我们所致的生态危机的历史根源》，[36]该文认为，中世纪的拉丁基督教作为一种鼓吹人类凌驾于自然之上的宗教信仰，为西方的科学、技术

13

和环境破坏铺平了道路。怀特寻求一种由阿西西的方济各（Francis of Assisi）体现的生态更为友好的基督教，传授“上帝所有造物——无论有机物还是无机物的民主”。[37]

在《自然的衰落》一书中，吉尔伯特·拉弗雷尼埃根据当代对环境历史的理解，全面考察了西方人的自然和文化思想。[38]

与自然科学的关联

环境变化常常被认为是数十年或数世纪气候变化的结果，并在过去的一两代人中成为研究的主题。譬如，在法国，埃马纽埃尔·勒华·拉迪里撰写了《丰年，饥年：1000年以来的气候史》。[39]可靠的气候观察记录不超过两三百年，大多数地区甚至追溯不到那么远。但是近年来，关于历史气候的代用资料从丰富多样的文献中涌现出来，如温带地区树种的年轮，以及南极和格陵兰岛的冰帽的积雪层中积储的空气。休伯特·兰姆及其在英国的气候研究所是气候研究的先驱。[40]克里斯蒂安·普菲斯特及其在瑞士和西欧的同事挖掘了从中世纪起各个时代关于欧洲气候线索的文献资料。[41]斯宾塞·维阿特的《全球变暖的发现》是有关气候变化的理论和发现的历史记述。[42]最近，包括理查德·格罗夫和

14

约翰·查普尔在内的几位学者开始积极地思考，像所谓的厄尔尼诺和南方涛动（ENSO）这种太平洋暖流现象如何影响了远距离之外人们的活动，并在许多历史事件中可能起到了什么作用。[43] 环境史学家感到有必要将气候引起的环境变化与人类作用引起的环境变化区分开来。在罗马时代及之后的北非，森林后退和沙漠推进主要是由比较干燥的气候引起的，还是由树木砍伐、溪流改道和居民放牧造成的？[44] 因为有关气候变化的资料越来越可靠，而且越来越能够加以利用，这样的问题很可能得到稳妥的解答。

环境史，在很大程度上来源于对从生态科学理解人类历史的意义的认识。有一位先驱，号召人们对跨越科学和人文这两种文化的鸿沟做出反应，他就是保罗·西尔斯（Paul B. Sears）。西尔斯在 1964 年发表了一篇引起争议的文章，题为“生态学——一门颠覆性的学科”。[45] 他在文中指出：

来自生态学研究的自然观对西方社会广泛接受的一些文化和经济前提提出了质疑。这些前提中最主要的是，人类文明，特别是具有先进技术文化的文明，可以凌驾于自然的限度或“法则”之上，或超乎其外。[46]

与之相反，生态学将人类置于生命网络之中，强调人类依赖食物、水、矿物质和空气的循环，并依赖与其他动物和植物的持续互动。西尔斯称生态学为“颠覆性的科学”，它无疑颠覆了直至20世纪人们广为接受的世界历史观念。保罗·谢泼德和丹尼尔·麦金利采用了他的这一引起争议的形容词，于1969年出版了一部名为《颠覆性的科学》的文集，[47] 从各学科中收录了37篇文章，包括西尔斯的两篇。谢泼德批评了人类掌控范式，强调了如下信念的荒谬性，即相信“只有人类能够摆脱预言、决定论、环境控制、本能以及‘束缚’他类生命的其他机制的约束”。令他吃惊的是，“即使像朱利安·赫胥黎这样的生物学家也宣称，世界的目的是为了创造人，人的社会进化使他从生物进化中永远解脱出来。”[48] 然而，环境史学家并不总是能完全领会生态学，尤其是群落生态学（community ecology）的含义。

15

其中一个含义是，人类是生命共同体的一部分，在共同体内通过与其他物种的竞争、合作、模仿、利用和被利用而进化。人类的持续生存取决于生命共同体的生存，并取决于在这个共同体中获得一个可持续的地位。史学的任务包括考察我们物种在生物共同体中所发挥的作用变化的记录，其中一些比另一些更成功，一些比另一些更具破坏性。

维克多·谢尔福德，20世纪最重要的一位生态学家宣称：

生态学是一门关于共同体的科学。对单一物种与环境关系的研究，如果不考虑共同体，结果到头来无关乎其栖息地的自然现象以及共同体的相关事物，那就不适于纳入生态学领域。[49]

对于环境史，我们也可以得出相似的结论；这里研究的物种是人类。在很大程度上，生态系统已影响人类活动的模式。反过来，人类的活动也极其显著地造成它们今天所呈现的状态。也就是说，人类和生命共同体的其他成员一直处于共同进化的过程中，这个过程并没有随着人类物种的起源而结束，而是持续到现在。历史撰述不应忽视这一过程的重要性和复杂性。

需要强调的是，历史上任何地方的所有人类社会都存在于生物共同体之中，并依赖生物共同体。小农庄和狩猎氏族是这样，大城市也是如此。生命的相互联系是一种客观事实。人类从来都不是孤立存在的，也不可能单独存在，因为他们只是使生命成为可能的复杂而密切联系的一部分。环境史的任务是研究人类与其所在的自然共同体的关系，这些关系是通过时间的推移以及频繁

16

发生、常常又意想不到的变化而形成的。认为环境是与人类分离的东西，仅仅是人类历史的背景，这种想法是误导人的。人类与其所在的共同体的天然联系，必须成为历史记述的组成部分。

奥尔多·利奥波德写道：

> 现代［生态思想］的一个异常现象是，它虽然是两个群体的创造，但每个群体几乎都不知道另一个群体的存在。一个群体研究人类社会，几乎把它当作一个独立的实体，并将其发现称为社会学、经济学和历史。另一个群体研究植物和动物群落，轻松地将政治大杂烩归为"人文学科"。这两种思潮的必然融合，也许会构成本世纪的显著进步。[50]

环境史是这种融合的积极的组成部分。

环境史和旧史学

20世纪早期以前，历史作家将人类社会内部权力的行使，以及人类社会内部和社会之间为权力而进行的斗争，视为历史的恰当主题。因此，战争和领导人的职业生涯主导了他们的叙述。值得注意的是，西方最早的两位伟大的历史作家，即古希腊的希罗多德和修昔底德，每人都选择一场战争作为他的主题。马克思主义史学家将注意力转移到了无产阶级，也就是从事社会劳动的工人和农民，但即使这种叙述将经济添加到政治之中，它也仍然是社会权力斗争的故事。旧史学，当它意识到自然和环境的存在时，是将它们当作布景或背景来对待的，环境史则将它们当作活跃的有助于发展的力量。

17　最近，历史学家转而关注那些迄今为止记述得模糊不清、似乎缺乏力量的人，也就是转向妇女的历史，种族、宗教和争取性权利的少数群体的历史，以及儿童的历史。将环境史视为这一进程的一部分，是一种诱人的推断。在力量的金字塔中，野兽、树木以及大地占据了支撑金字塔结构的最底层。历史学家现在可以证明，这些被认为是无声的、基本上毫无防备的实体，其实是历史戏剧中真正的演员，也要将它们囊括在更大的叙事之中。随着伦理拓展已将权利地位赋予移民、妇女和从前的奴隶，而且近来已在考虑树木是否应当拥有权利，[51] 因此，类似的历史拓展现在可以让叙事关注其他生物和要素。我们将会看到，正如上述其他形式的历史大多是社会和政治运动的产物一样，环境史的根源也与那些催生资源保护主义者和环保运动的根源交织在一起，这是确定无疑的。

环境史研究不能忽视现实的政治和军事力量，以及为其表面利益而行使权力的国家集团、经济组织和种族群体。2005年，道格拉斯·维纳在美国环境史学会会长致辞中宣称，“每一场‘环境’斗争，根本上都是利益集团之间关于权力的斗争。”[52]这就是乔基姆·拉德卡的《自然与权力：全球环境史》的主题。[53]他指出，保护或改善景观的合理规划，显然需要一个控制这一景观的集团，而其他集团几乎通常会遭到排斥、驱逐或剥削。在中亚，斯大林驱逐哈萨克牧民，是给小麦耕作开辟“处女地”；19世纪后期，英帝国主义者将自然经济主导的印度变成了受压榨和饥荒肆虐的地带；[54]而美国国家公园的创设常常牵涉对美洲土著印第安人的强行驱逐。[55]相比之下，墨西哥国家公园的创建，则认识到了农村人民的存在和需求。[56]

然而，如果将环境史简单地看作历史学科发展的一部分，那将是一个严重的错误。大自然并非无能为力；恰当地说，它是所有力量的源泉。大自然并非温顺地适应人类的经济，而是笼罩人类一切努力的经济体；没有它，人类的努力就是虚弱无力的。不能将自然环境纳入记述的历史，是片面的、不完整的历史。环境史之所以

18

有用，是因为它能给历史学家更为传统的关注对象，如战争、外交、政治、法律、经济、技术、科学、哲学、艺术和文学等，增添基础知识和视角；环境史之所以有用，还因为它能揭示这些关注对象与物质世界和生命世界的潜在进程之间的关系。

---

1 Donald Woster, "Doing Environmental History," in Worster, ed., *The Ends of the Earth: Perspectives on Modern Environmental History*. Cambridge: Cambridge University Press, 1988, pp. 289–307；引文在第 290 页。

2 William Cronon, "A Place for Stories: Nature, History, and Narrative," *The Journal of American History* 78, no. 4 (March 1992): 1347–76；引文在第 1373 页。

3 Carolyn Merchant, "The Theoretical Structure of Ecological Revolutions," *Environmental Review* 11, no. 4 (Winter 1987): 265–74.

4 Pádua, José Augusto, "The Theoretical Foundations of Environmental History," *Estudos Avançados* 24, no. 68 (2010): 81–101；引文在第 83 页。

5 Warren Dean and Stuart B. Schwartz, *With Broadax and Firebrand: The Destruction of the Brazilian Atlantic Forest*. Berkeley and Los Angeles, CA: University of California Press, 1995.

6 Jared Diamond, *Guns, Germs, and Steel: The Fates of Human Societies*. New York: W.W. Norton, 1997.

7 Hippocrates, *Airs, Waters, Places*, ed. and trans. W. H. S. Jones. Cambridge, MA: Harvard University Press, 1923.

8 William H. Mcneill, *Plagues and Peoples*. New York: Random House, 1998.

9 Alfred Crosby, *The Columbian Exchange: Biological and Cultural Consequences of 1492*. Westport, CT: Greenwood Press, 1972, 30th edn. 2003.

10 John Iliffe, *The African AIDS Epidemic: A History*. Columbus: Ohio University Press, 2006; John R. McNeill, *Mosquito Empires: Ecology and War in the Greater Caribbean*, 1620–1914. New York: Cambridge University Press, 2010.

11 Robert B. Marks, *Tigers, Rice, Silk and Silt: Environment and Economy in*

Late Imperial South China. Cambridge: Cambridge University Press, 1998.

12　John Opie, *Ogallala: Water for a Dry Land*, Lincoln: University of Nebraska Press, 1993.

13　J. R. McNeill, *Something New Under the Sun: An Environmental History of the Twentieth-Century World.* New York: W. W. Norton, 2000.

14　Worster, "Doing Environmental History," p. 293.

15　Roderick F. Nash, *Wildness and American Mind.* New Haven: Yale University Press, 1967; Roderick F. Nash and Char Miller, *Wilderness and the American Mind*, 5th edn. New Haven: Yale University Press, 2014.

16　J. Donald Hughes, *North American Indian Ecology*. El Paso: Texas Western Press, 1996; Shepard Krech, *The Ecological Indian: Myth and History*. New York: W. W. Norton, 2000.

17　Gregory D. Smithers, "Beyond the 'Ecological Indian': Environmental Politics and Traditional Ecological Knowledge in Modern North America," *Environmental History* 20, no. 1 (January 2015): 83–111；引文在第 83—84 页。

18　Peter Coates, *Nature: Western Attitudes Since Ancient Times*. Berkeley: University of California Press, 2004.

19　John R. McNeill, "Observations on the Nature and Culture of Environmental History," *History and Theory* 42 (December, 2003): 5–43；引文在第 9 页。

20　Worster, "Doing Environmental History," p.293.

21　J. M. Powell, *Historical Geography and Environmental History: An Australian Interface*, Clayton: Monash University Department of Geography and Environmental Science, Working Paper no. 40, 1995.

22　William A. Green, "Environmental History," in *History, Historian, and the Dynamics of Change*. Westport, CT: Praeger, 1993, pp.167–190.

23　Stephen Dovers, "Australian Environmental History: Introduction, Reviews and Principles," in Dovers, ed., *Australian Environmental History: Essays and Cases.* Oxford: Oxford University Press, pp.1–20. 引文在第 7 页。

24　Ian Gordon Simmons, *Changing the Face of the Earth: Culture, Environment, History.* Oxford: Blackwell, 1989.

25　Ian Gordon Simmons, *Environment, History: A Concise Introduction.* Oxford: Blackwell, 1993.

26　Andrew Goudie, *The Human Impact on the Natural Environment*, Hoboken, NJ: Wiley-Blackwell, 2013.

27　Riley E. Dunlap, "Paradigmatic Change in Social Science: From Human Exemptions to an Ecological Paradigm," *American Behavioral Scientist* 24, no. 1(September 1980): 5–14. 引文在第 5 页。

28 William R. Catton Jr. and Riley E. Dunlap, "A New Ecological Paradigm for Post-Exuberant Sociology," *American Behavioral Scientist* 24, no. 1(September 1980): 15–47. John Rodman, "Paradigm Change in Political Science: An Ecological Perspective," *American Behavioral Scientist* 24, no. 1(September 1980): 49–78. Herman E. Daly, "Growth Economics and the Fallacy of Misplaced Concreteness: Some Embarrassing Anomalies and an Emerging Steady-State Paradigm," *American Behavioral Scientist* 24, no. 1(September 1980): 79–105. Donald L. Hardesty, "The Ecological Perspective in Anthropology," *American Behavioral Scientist* 24, no. 1(September 1980): 107–24.

29 William H. McNeill, *Plagues and peoples.* Garden City, NY, Anchor Press, 1976; Crosby, *The Columbian Exchange.*

30 Crosby, *The Columbian Exchange.*

31 Samuel P. Hays, *A History of Environmental Politics since 1945.* Pittsburgh, PA: University of Pittsburgh Press, 2000.

32 Oliver A. Houck, *Taking Back Eden: Eight Environmental Cases that Changed the World.* Washington, DC: Island Press, 2011.

33 Dimitris Stevis, "International Relations and the Study of Global Environmental Politics: Past and Present," in Robert A. Denemark, ed., *International Studies Encyclopedia.* Malden, MA: Wiley-Blackwell, 2010, pp. 4476–507.

34 Inge Røpke, "The Early History of Modern Ecological Economics," *Ecological Economics* 50 (2004): 293–314.

35 Clarence J. Glacken, *Traces on the Rhodian Shore: Nature and Culture in Western Thought from Ancient Times to the End of the Eighteenth Century.* Berkeley: University of California Press, 1967.

36 Lynn White, "The Historical Roots of Our Ecologic Crisis," *Science* 155(1967): 1203–7.

37 Matthew T. Riley, "A Spiritual Democracy of All God's Creatures: Ecotheology and the Animals of Lynn White, Jr.," in Stephen Moore, ed., *Divinanimality: Animal Theory, Creaturely Theology.* New York: Fordham University Press, 2014.

38 Gilbert LaFreniere, *The Decline of Nature: Environmental History and the Western Worldview.* Bethesda, MD: Academica Press, 2007.

39 Emmanuel Le Roy Ladurie, *Times of Feast, Times of Famine: A History of Climate since the Year 1000.* Garden City, NY: Doubleday, 1971.

40　譬如，可参见：H. H. Lamb, *Climate, History and the Modern World*. London: Routledge, 1995。

41　Christian Pfister, *500 Jahre Klimavariationen und Naturkatastrophen 1496–1996*. Bern: Paul Haput, 1999.

42　Spencer R. Weart, *The Discovery of Global Warming: Revised and Expanded Edition*, Cambridge, MA, Harvard University Press, 2008.

43　Richard Grove and John Chappell, eds., *El Niño, History and Crisis: Studies from the Asia-Pacific Region*. Cambridge: White Horse Press, 2000.

44　关于这个例子的资料，参见：Bren D. Shaw, "Climate, Environment, and History: The Case of Roman North Africa," in T. M. L. Wigley, M. J. Ingram, and G. Farmer, eds., *Climate and History: Studies in Past Climates and Their Impact on Man*. Cambridge: Cambridge University Press, 1981。也可以参见：Diana K. Davis, *Resurrecting the Granary of Rome: Environmental History and French Colonial Expansion in North Africa*. Columbus: Ohio University Press, 2007。

45　Paul B. Sears "Ecology — A Subversive Subject," *Bioscience* 14, 7 (July 1964): 11–13.

46　Robert P. McIntosh, *The Background of Ecology: Concept and Theory*. Cambridge: Cambridge University Press, 1985；引文在第 1 页。

47　Paul Shepard and Daniel Mckinley, eds., *The Subversive Science: Essays Toward an Ecology of Man*, Boston, MA: Houghton Mifflin, 1969.

48　Paul Shepard, "Introduction: Ecology and Man — A Viewpoint," in Shepard and McKinley, *The Subversive Science*, pp. 1–10；引文在第 7 页。

49　Victor E. Shelford, *Laboratory and Field Ecology*, Baltimore, MD: Williams and Wilkins, 1929, p.608.

50　Aldo Leopold, "Wilderness," (undated fragment) Leopold Papers 10–16, 16 (1935). 转引自 Curt Meine, *Aldo Leopold: His Life and Work*, Madison, WI: University of Wisconsin Press, 1988, pp.359–60。

51　关于这一主张的提出，见 Roderick Nash, "Rounding Out the American Revolution: Ethical Extension and The New Environmentalism," in Michael Tobias, ed., *Deep Ecology*. San Diego, CA: Avant Books, 1985。

52　Douglas R. Weiner, "A Death-Defying Attempt to Articulate a Coherent Definition of Environmental History," *Environmental History* 10, no. 3 (July 2005): 404–20；引文在第 409 页。

53　Joachim Radkau, *Nature and Power: A Global History of the Environment*. New York: Cambridge University Press, 2008.

54　维纳列举的印度的例子出自：Mike Davis, *Late Victorian Holocausts: El*

Nino Famines and the Making of the Third World. London: Verso, 2001。

55　Mark David Spence, *Dispossessing the Wilderness: Indian Removal and the Making of the National Parks*. New York: Oxford University Press, 2000.

56　Emily Wakild, *Revolutionary Parks: Conservation, Social Justice, and Mexico's National Parks*, 1910–1940. Tucson: University of Arizona Press, 2011.

第二章

环境史的早期研究

引言

19

环境史，作为一门有意识地探索过去人类与自然环境关系的学科，也就是说，作为一门历史学科，开始于20世纪晚期，是最新的学术努力之一。但许多环境史学家提出的问题大多是古老的问题，曾吸引了古希腊和中国等古代民族的作家的兴趣；这些问题持续了几个世纪，直到现代。在较早的思想中，可以识别的环境史主题有：环境因素对人类社会的影响，人类活动引起的自然环境的变化和这些变化反过来对人类历史的影响，以及人类对自然界及其运行的思考的历史。

古代世界

首位有作品传世的希腊历史学家希罗多德，记载了自然环境中因人力造成的许多异常变化，大体描述了它们的消极后果。他认为，桥梁和沟渠这类大工程显示了人类的骄傲自大，有可能招致神明的惩罚。他写道，当克尼德人（Cnidians）开始在连接其城市和大陆的地峡挖一道贯通的沟渠以改善他们的防御时，工人因飞起的石片而伤亡惨重。为了解原因，他们派一个使者去请示特尔斐（Delphi）的神托，她没有像惯常那样

凡尔赛的阿尔忒弥斯，野生动植物和狩猎女神，收藏于法国巴黎卢浮宫。在古人想象中，神和女神代表了自然环境的各个方面。作者摄于 1998 年

打哑谜，而是直截了当地回答："不要给地峡修墙，也不要给它掘沟；如果宙斯愿意的话，他早就会使它成为岛屿了。"[1]于是，放下工具、停止掘沟的命令及时得到颁布。同样，当波斯国王建了一座横跨赫勒斯滂海峡（Hellesport strait）的舟桥（一场风暴卷起的海浪冲垮了它），让他的臣民挖了一条穿过阿托斯半岛的沟渠，而他的军队吸干了河流，焚烧了森林，犯下种种扰乱自然秩序的行为之时，灾难也在折磨着他。在斯巴达的克列欧美涅斯（Cleomenes）放火焚烧一片圣林，烧死5000名阿尔哥斯（Argive）士兵之后，希罗多德描述到，一些人认为他因想到神的惩罚而被逼疯了——因为焚毁了一片圣林，杀害了在避难之地的人——继而把自己切成了碎片。[2]

21

修昔底德——或许是希腊最伟大的史学家——开篇便提出了一种环境影响历史的理论。因为阿提卡——雅典周围地区的土壤稀薄、干燥，而且相对贫瘠，所以他认为，它不能吸引潜在的入侵者，从而避免了战乱，防止了人口减少。这种相对的安全，使它成为其他地区逃避战争之难民的避难所，其人口进一步增加，直到那片土地无法再供养他们。雅典的领袖们通过向爱琴海和地中海沿岸地区的殖民地迁出移民，来缓解这种人口压力。[3]

修昔底德也经常提到交战的希腊城市对自然资源的需求，特别是木材，对于造船和其他军事目的来说是必不可少的。当斯巴达人占领安菲玻里（Amphipolis）——雅典北部的一个殖民地时，他说："引起了雅典人的很大的惊慌……主要原因是这座城市对他们获取造船之木材是很有用的。"[4] 在另一事件中，雅典将军德谟斯提尼（Demosthenes）将皮洛斯（Pylos）的丰富木材作为占领此地的一个理由，而且，为节省其船用木材，在反攻中斯巴达水手没有登上一片巉岩多石的海岸。得到木材的一个方法就是占领森林；雅典指挥官亚西比得（Alcibiades）在叛逃之后告诉斯巴达人，这就是雅典舰队入侵西西里的目的之一。[5]

医学之父希波克拉底提出了值得一提的环境决定论。在《空气、水、住所》(*Airs, Waters, Places*）这一著作中，他认为，居住在一个地方的人们的健康、性情和精力，取决于其位置与日照、风向、气候和水源质量的关系。他讨论欧洲和亚洲之间的差异，以及希腊人知晓的许多民族的特色文化和他们对疾病的易感性，并将这些与其家乡的各种环境因素联系起来。

22

柏拉图在《理想国》(*Republic*）与《法律篇》（*Laws*）所描绘的理想国中包含了有关环境问题的建议。他在《克里底亚篇》(*Critias*）中也注意到了历史上阿提卡地区山地森林砍伐问题，并提供了考古学证据：在他自己生活的时代仍屹立不倒的巨大建筑的大屋梁是从山上砍来的；那里只剩下“蜜蜂之食”（开花的草本和灌木）了。[6] 从前的森林曾起到了储存和释放雨水的作用，形成了许多清泉，矗立在那些清泉之上的神龛就是证据，但在柏拉图时代泉水已经干涸了。在森林砍伐的同一时期，大规模的侵蚀冲走了肥沃柔软的土壤，只留下地上的岩石骨架，柏拉图将它比作一个人因

“地上的岩石骨架”，希腊雅典附近伊米托斯山（Mount Hymettos）的斜坡，柏拉图曾描述过这里。在古代这里的森林被砍伐；现代推行重新造林项目，但成效有限。作者摄于 2011 年

疾病折磨而骨瘦如柴的身体。

在柏拉图和中国哲学家孟子之间或许可以作一恰当的比较；孟子也生活在公元前4世纪，并描述了他家乡的森林砍伐问题。作为孔子的追随者，孟子对人与自然的关系发表了许多有趣的评论，并对土地管理提出了一些宝贵的建议。他撰写了一部儒学经典，这与其他儒学经典一起为每一位学童所熟记，并构成了中国的主流思想。[7]因此，他在塑造典型的中国环境观和影响中国人对待环境的态度方面发挥了主要作用。《孟子》中有一段对牛山的描写引起了现代学者的注意。它证明了这位圣人在观察环境变化及其原因时的敏锐性：

23

> 孟子曰："牛山之木尝美矣，以其郊于大国也，斧斤伐之，可以为美乎？是其日夜之所息，雨露之所润，非无萌蘖之生焉，牛羊又从而牧之，是以若彼濯濯也。人见其濯濯也，以为未尝有材焉，此岂山之性也哉？……旦旦而伐之，可以为美乎？"[8]

孟子曾见到一座光秃秃的山，山上的森林连年被砍伐，而放牧又妨碍着小树的再生和成长，因此，被砍伐的森林永远得不到恢复。[9]孟子记录了他的圣贤楷模孔子两次登山（泰山和东山）的经历，描述得好像他曾亲自登过这些山。[10] 毫无疑问，中国有很多遭受过和牛山同样命运的山地。

孟子注意到的另一个人为的景观变化是对荒地的开垦。[11] 土地管理是一个重要的议题，他认为这是国家的基本职责之一。他建议天子对其疆土进行定期的巡视，并以土地的状况作为衡量诸侯对土地管理之优劣的首要依据。如果土地得到了妥善管理，这样的诸侯就应得封赏，但是"入其疆，土地荒芜……则有让"。[12] 希腊史学家色诺芬在同一个世纪就波斯国王作了类似的评论。[13] 当国王在其诸多行省间巡游时，他都敏锐地观察每一个地区的土地状况。哪个地方精耕细作，树木茂盛，他就授予荣誉以奖赏当地长官，并扩大其领地；而在田园闲置、森林滥伐和土地荒废的地方，他就免去当地长官的职务，用更好的管理者来取代那不良者。因此，这位国王通过他所任命的人对土地和居民的照料来评判其价值，认为这与维持一支防御部队和良好的税源一样重要。其原则看上去很清楚：一个关怀大地且能处理环境问题的管理者是值得信赖的，行政才能可以依据领地内的环境状况来判断。孟子和色诺芬两人都认识到了当权者必须以民为本的原则。"[孟子]认为，对一个统治者来说，仅仅希望他的人民安居乐业是不够的；他必须采取实际的经济措施来确保他们的福利。"[14] 他强调"民

24

为贵，社稷次之，君为轻”。[15] 从理论上说，统治者拥有土地并分派给使用者，但是出于为社稷或人民利益的考量，统治者也不能免于劳动。地主必须犁耕土地，种植献祭用的谷物。[16] 一个国家的环境状况为其政府的功过提供了有力的证据。

对环境史学家来说，孟子特别强调的是他对资源保护实践的建议，以确保资源不会被耗尽，能年复一年地为人们提供食物。他掌握了可持续利用可再生资源的原则。他对梁惠王的劝告是值得注意的：

> 不违农时，谷不可胜食也；数罟不入洿池，鱼鳖不可胜食也；斧斤以时入山林，材木不可胜用也。[17]

25

应该让人们在播种和收获时节在田里干活，而不是去行军打仗。用大眼网捕鱼可以让小鱼小鳖溜走，成长到可捕获的大小。一种持续高产的林业形式将会确保随后年份里的木材供应。孟子有关森林保护的劝告是特别合理的。在与惠王的交谈中，他建议谨慎从事木材砍伐和树木种植；在其他段落中，他反对建造巨室，显示了防止木材浪费的智慧。[18]

尽管有迹象表明某些地区的森林已经消失，但罗马历史著作中几乎没有关于环境史的评论。西塞罗赞扬了

嘉德水道桥（Pont du Gard），为法国尼姆市（Nîmes, Nemausus）供水的古罗马渡槽，代表了古罗马的工程学成就和水资源管理。作者摄于 1984 年

人类改造自然的能力，包括农业、动物驯养、建筑、采矿、林业以及灌溉，用一句名言总结了这一切："最终，通过我们的双手，我们努力在自然世界中创造第二个世界。"[19] 26

伊本·赫勒敦（Ibn Khaldûn）是一位伟大的伊斯兰历史哲学家，他的著作多次提到环境对人类历史的影响。他生于突尼斯，游历过很多地方。他曾前往麦加朝圣，还在大马士革附近碰见了可怕的中亚征服者帖木儿。伊本·赫勒敦在其颇具影响的著作《历史绪论》（*Muqaddimah*）中，[20]用让人想起地理学家托勒密的方式描述了地球的气候带，并将各种人类群体的特征归因于环境影响。像那个时代的许多穆斯林学者一样，他熟悉古希腊的经典作家。他最具原创性的环境理论涉及沙漠对居住在那里的贝都因人的影响，以及将沙漠居民与城镇居民所作的对比。他说，沙漠生活使那儿的人胖不起来，并在饥荒面前变得更坚韧。沙漠部落成员比城镇居民"更善良"、更勇敢，他们依靠自己而不是城市的防卫。[21]一个群体的沙漠习性越根深蒂固，就越接近于超越他人。城市统治者的朝代虽然是沙漠祖先的产物，但失去了沙漠文化，陷入了奢靡和荒淫。城市一旦建立，沙漠部落就会依赖城市获取生活必需品，因此城市人口就占主导地位。[22]

中世纪和近代早期的环境思想

西方中世纪的历史思想受到了圣经观点的强烈影响，认为上帝指导历史，自然是上帝的杰作，被赐予人们利用和照料。修道院通常建在荒野地区，像圣贝尔纳*这样的僧侣作家观察到了景观的变化，因为田地和果园取代了野生植物；人们——其中很多是僧侣——控制着河流，用河里的水灌溉并为磨坊提供能源。[23] 人们认为，人类劳动给自然界带来的变化不仅有用，而且美好。不过，圣贝尔纳生活在一个农业广泛扩张、定居及滥伐森林的时代，大部分工作是由普通农民而非僧侣完成的。

27

克拉伦斯·格拉肯注意到，中世纪研究北方蛮族的历史学家，譬如卡西奥多鲁斯（Cassiodorus）、助祭保罗（Paul the Deacon）、塞维利亚的伊西多尔（Isidore of Seville）和约丹尼斯（Jordanes）等，往往将人口过剩和气候看成是这些民族入侵中欧和南欧的原因。[24] 他们认为，寒冷的北方气候增加了居民的活力，也许还促使他们大量生育，而这片土地根本无法养活他们。

中世纪的编年史中提到，环境立法上的变革有时候是很彻底的——被普通民众所厌恶。例如，《盎格鲁—撒克逊编年史》（*Anglo-Saxon Chronicle*）的一位匿名抄写员反对将诺曼森林法引入英格兰，因为它制造了大片的皇家森林，为国王保留了狩猎权：

---

* 圣贝尔纳（Bernard of Clairvaux，1090—1153），法国基督教神学家。

他对猎物大加保护，
并为此订立法律，
谁要是杀死公鹿或母鹿，
就要被刺瞎双眼。
他保护公鹿和野猪，
也同样喜爱牡赤鹿，
好像是它们的生父。
更有甚者，他下令任野兔自由驰驱，
有势者对此抱怨，贫困者对此叹息，
但他如此凶狠，对这些怨忿一概置之不理，
然而他们为了求得生存并保有土地，
以及财产、地产，或他的重大恩赐，
就不得不完全贯彻国王的旨意。[25]

有关中世纪环境变化的信息更有可能出自地方史而不是通史，因为某一个地区的景观更经常地表明了这种变化。例如，意大利某个城市为防止污染而颁布的一项法律，更有可能在那座城市的历史中而不是在意大利的历史中被提到，意大利的历史主要关注与王朝和军事有关的事件。[26]

理查德·格罗夫在其突破性的研究《绿色帝国主

义》中指出，早在17世纪殖民列强派出的科学家，包括医生，注意到了在印度和南非的海岛的环境变化——变化常常十分迅速，人们在短短的一生内就能将其记载下来。[27]他们记录了由人类引起的森林滥伐和气候变化的证据。虽然他们通常并未以正规的历史来陈述他们的发现，但是他们催生了一种观念，即人类导致了全世界的环境变异；这些变化大多代表的不是进步而是退化。欧洲许多学习植物学、动物学、气候学和地理学的人成了行政官员或创立了研究所。在这类研究所中，植物园为环境理论的发展发挥了非同寻常的重要作用。殖民政府委任植物园主管到其他重要岗位上就职，还让科学家做顾问甚至担任地方长官；他们的意见不时被听取，甚至得到了试行。不过，这些事例可能是例外，因为派遣科学家的政府和公司宁愿将精力投在有直接经济收益的项目上，并通过职务调动和削减拨款来惩罚那些致力于纯科学研究的人。“只有当它们的经济利益显然将受到直接威胁的时候，国家才会采取行动以防止环境退化，”格罗夫评述说，“不幸地，哲学观、科学、本土知识以及对人类和物种的威胁都不足以促成这种决定。”[28]具有讽刺意味的是，一旦那些当权者听从了敏锐的自然观察者，最后他们就有可能获利。由早期科学家提出的一个更有说服力的论点是，防止其控制领地内的环境退化是符合殖民政府利益的。“国家”，就像经济学家里夏尔·康蒂永曾指出的，是“根植于大地的一棵树”。[29] 如果殖民地的森林被砍伐殆尽，它们就再也不能提供木材了。遭到滥伐的土地将遭受土壤侵蚀和降水减少的危害，这样，生产食物和其他作物赖以生长的土壤与水将会枯竭。面对贫穷和饥荒，殖民地的人民将会起义。

在人们以为可以找到帝国主义的辩护者的地方，格罗夫却发现了这样一些人，他们是敏锐的观察者、有创造性的思想家以及批判性的分析家，他们批判了破坏性的方法及其在欧洲统治下的民族和生态系统中的运用。18 世纪中期毛里求斯的法国总督皮埃尔·普瓦夫尔（Pierre Poivre）注意到随着森林滥伐，降雨减少，因而建议对景观进行维护和修复；它过去受到的对待，浪费了本国和殖民地的资源，结果遭到“天谴”，因为森林滥伐使“那片土地深陷奴役之中”。[30] 在普瓦夫尔看来，这片岛屿在最初就像伊甸园一样，但当他真正近距离观察时却发现好景不再。他对资源保护提出了令人信服的理由，而且试图在实际中加以运用。托马斯·杰弗逊曾为普瓦夫尔的许多思想所吸引。

有一些主张自然环境保护和养育的早期环保主义者，为他们在印度所发现的印度教和耆那教关于人与自然之和谐的观点所吸引。“将神与‘万物’等同起来的

29

能力明显与西方或圣经关于秩序和人位于造物之首的观念之间存在重大区别。”[31] 他们对当地有关生物区的知识和较早的资源保护实践感兴趣，譬如前殖民时期印度王国建立的禁猎区（shikargahs），或野生动植物和森林保护区。殖民科学家一方对环境的关注，常常与改革者对当地人民之福利的支持甚至女权主义观念齐头并进。格罗夫勾画了诸如苏格兰外科医生、博物学家和植物学家威廉·罗克斯伯勒（William Roxburgh）这类非凡人物的经历，他将印度的生态与气候变化同流行性传染病和饥荒联系起来，最终全面批评了殖民政策给印度人民和自然环境造成的影响。有一些人，像外科医生爱德华·格林·鲍尔弗（Edward Green Balfour），希望不仅通过对资源保护的倡导，而且通过公开的反殖民主义，来警告他们的同事和上司。

在近代作家中，帮助人们将注意力转到环境史上来的是乔治·珀金斯·马什，他长期担任美国驻意大利大使。他在地中海区域和其他地方观察到“在我们居住的地球的自然条件中，因人类行为引起的变化的性质和范围”，而且在他出版于1864年的伟大著作《人与自然》中警告说：“人类无知地漠视自然规律的结果就是土地退化。”[32] 与那个时代盛行的经济乐观主义不同，他将“人”看作自然和谐的干扰者。并指出，人类的许多活

30

动，譬如森林滥伐，使文明仰赖的自然资源枯竭了。他认为这种因素导致罗马帝国的衰落，因为它引起重要的原料，尤其是燃料供应的短缺，结果对经济结构造成灾难性的影响。《人与自然》一书试图在世界范围考察人类如何破坏自然并将继续这样做，在他看来，罗马并非唯一的曾经历环境危机的文明社会。但马什对地中海国家、欧洲和北美洲的熟悉，使得他将重点放在了那些地区，对世界其他地区则除概述外几乎未置一词。马什可以被视为环境史的第一位先驱，他系统地考察了环境恶化和自然资源可能耗竭的问题。

马什将地球比作一座房子，他贴切地说："甚至到现在，我们还在为得到取暖和煮汤的燃料而劈开我们住所的地板、壁板、门和窗框；世界已急不可耐，无法等待科学缓慢而稳妥的进步来教给它一种更好的经济制度。"[33] 早些时候，他说过由于人类的破坏行为，

地球正迅速地变成不适于其最高贵居民居住的家园，再经历另一个人类犯罪和挥霍无度并存且同样持久的时代，随着那罪恶和挥霍无度的膨胀，它就会陷入资源耗尽、地面碎裂、气候无常的境地，以致有堕落、野蛮甚至物种灭绝之虞。[34]

由于马什如此生动地描述了人类对自然环境的破坏，就非常容易被误解为他捍卫的是无拘无束的大自然，不过那并不是他的意图。正如他所表达的：

> 我所能期望的一切就是，指出和说明人类行为在哪些方面、以什么方式对我们所居住的地球的自然条件业已或可能造成了很大的伤害，或带来了很多的益处，以此来激起对于一个富有经济重要性之论题的兴趣。35

31

人类可能已“对生机勃勃的自然的所有种群”发动了无情的战争，但也通过驯化使其中的很多种群变得尊贵。荒野，在马什看来，要么丰饶却难以利用，要么干燥而贫瘠。他期待的是这样一个世界，它可以容纳活力十足而欣欣向荣的人类社会；这个社会从事农业和一切的文明技艺，这样的一个社会不改造自然景观就无法存在。

马什最尖锐的观点是，人类在自然环境中作出的许多改变，不管是出于好意还是由于忽视了后果，都损害了自然环境对于人类的用途。应将山坡上的森林维持在相对原始的状态，这不是为了森林本身，而是为了防止土壤侵蚀，并保证一年到头有可靠的淡水供应。诚然，森林和山峦同样很美，但美学也代表着人类的一种价值观。人们可以从马什的探讨中认识到某种必需，即：人与自然间的平衡；在这一平衡中，人类的需要得以满足，自然的和谐得以保护。他相信有这种可能：人类在破坏着，但是人类也可以成为自然的合作者，以及被干扰的和谐的恢复者。

20 世纪初年

在 20 世纪早期和中期，法国的一群史学家与其他地方的同行们一起，在全球范围细致地探索了人类社会与自然环境的相互影响。作为拓宽史学视野努力的一部分，他们强调了地理环境的重要性；除了对历史学家和地理学家产生广泛的影响外，他们还提供了有助于促进环境史的推动力。他们被统称为年鉴学派，以创刊于 1929 年的杂志而命名，他们的很多论文发表在这份杂志上。[36]

年鉴学派的创始人之一是吕西安·费弗尔，这个群体中其他的杰出人物有费尔南·布罗代尔、马克·布洛赫、乔治·杜比、雅克·勒高夫和埃马纽埃尔·勒华·拉迪里。[37] 费弗尔的著作《地理学视野下的史学引论》是一部经典。[38] 在书中，费弗尔认为历史学家应

32

当认识到自然环境在其领域中的重要性。同样，这是引导人们将环境史视为一门学科和方法的最重要的文本之一。与一些社会学家不同，费弗尔认为自然环境确实和人类事务有重要的关联。与此同时，他也反对环境决定论。很多批评者反对将地理学方法运用于历史学，声称这使人类沦为环境力量的工具或“受动者”。费弗尔在强调环境的重要性之时，主张这只不过是为社会确立了“可能性”。他主张，人类拥有广泛的选择；其中，自由和创造力在起作用。今天，大多数环境史学家大体上会认同费弗尔的论证方式。

费弗尔著作中的哲学成分无论对历史理解还是对当代认识都具有永恒的价值。然而，他所列举的历史例证和人类学例子，有时则显得过时，或存在错误。这本书本身论述的不是历史学，而是“人文地理学”（human geography）。当然，费弗尔所讲的很多东西对历史学家意义重大，而且他明确表示，环境在其历史演进中与社会的关系，是合理的研究对象。[39]

就他的时代而言，费弗尔的探讨具有惊人的生态学特点。他认识到，人类是自然系统的一部分，必定不断地与其中的其他部分发生关联。譬如，他认为，“对于‘人’这个概念，我们已经……用人类社会概念取代它，并通过与占据着地球不同区域的动植物群落的关系，竭力解释这样一个社会之行为的真实性质。”[40] 人类活动受到与动植物相同或类似的约束。不过，他几乎没有提到我们今天所考虑的环境问题；虽有关于法国森林滥伐的简短论述，但几乎毫不涉及污染、生物多样性的丧失等。尽管如此，他还是意识到，人类的活动正伤害着地球。所以，他说：“文明的人类开发大地，做起来十分娴熟，且习以为常。但我们若反省片刻，就知道这是前所未有的干扰。”[41]

33

早期主张环境影响的人常常持有这样的观念，即，气候和其他的环境要素造成了种族特征与差异。费弗尔虽然反对种族主义解释，但他还是抱有一些今天看来无法接受的陈见；它们是那些年在欧洲普遍存在的不假思索的偏见的一部分。譬如在描述非洲农业的时候，他说：“土壤翻耕没有一点深度，黑人不过是擦了擦地表。”[42] 他的语言有时也带有性别歧视的色彩。

年鉴学派对环境的重视可以以 1946 年初版的费尔南·布罗代尔的专著《菲利普二世时代的地中海和地中海世界》为例。[43] 它虽然是一部长达两卷、1300 页的历史书，但其第一部分的标题却是“环境的作用”，并以“首先是山”开篇。[44] 接下来有很多关于环境与经济的章节，而传统史学的主题直到第二卷才出现。就地理空间和环境对地中海沿岸地区历史的重要性而言，布罗代尔作出了有说服力的权威论证。他意识到，一种变化着的环境，尤其是迅速推进的森林滥伐过程，会导致造船所需木材的短缺。[45] 他指出，在西班牙的坎波城（Medina del Campo），因为“地中海地区的原始森林遭到了人类的破坏，所以变得十分稀疏，甚至是过分的稀疏”；由于森林稀疏，烧火用的木材同它烹煮的锅里的晚餐饭菜一样贵。[46] 他认为，气候变化通常是人们造成的景观变化的结果。他将日渐干燥的气候与“大面积砍伐森林”联系了起来。[47]

埃马纽埃尔·勒华·拉迪里在《丰年，饥年：1000年以来的气候史》一书中对气候变化进行了更全面的研究。[48] 拉迪里利用树木年轮、葡萄收获日期以及有关阿尔卑斯山冰川进退的描述等证据，记述了包括小冰期在内的温暖与寒冷周期，从而证明，在历史上气候不是完全持续不变的。

推动历史学中环境思考的另一支力量来自美国的边疆史学家，如弗雷德里克·杰克逊·特纳[49] 和沃尔特·普雷斯科特·韦布。[50] 他们的理论是，西部边疆提供了环境安全阀，以此确保了平等主义事业的存活，而1890年左右边疆的终结则警示了社会后果。韦布将他的方法描述成一种通过地理和自然环境来探究历史的途径。詹姆斯·马林的《北美大草原》则意识到了随移居

34

大平原而出现的生态变迁。[51]很难想象，20世纪中期任何一位美国历史学家会不熟悉这一研究流派。美国为什么在20世纪后半叶成为了环境史——一种自觉的研究领域最先出现和发展的场所，这可能是原因之一。

1　Herodotus, *The Histories*, 1. 174, trans. Aubrey de Sélincourt. Harmondsworth: Penguin Books, 1972.

2　Herodotus, *The Histories*, 6. 75–80.

3　Thucydides, *History of the Peloponnesian War*, 1. 2, trans. Rex Warner. Harmondsworth: Penguin Books, 1972.

4　Thucydides, *History of the Peloponnesian War*, 4. 108.

5　Thucydides, *History of the Peloponnesian War*, 4. 3, 11 (Pylos); 6. 90 (Alcibiades).

6　Plato, *Critias*, 111, trans. Desmond Lee. Harmondsworth, UK: Penguin Books, 1977.

7　Albert F. Verwilghen, *Mencius: The Man and His Ideas*, New York, St. John's University Press, 1967.

8　Mencius 6. A. 8. 孟子语录除另外注明，皆出自下列译本：D. C. Lau, *Mencius*, London, Penguin Books, 1970。本段在第164—165页。

9　Philip J. Ivanhoe, "Early Confucianism and Environmental Ethics," in Mary Evelyn Tucker and John Berthrong, eds., *Confucianism and Ecology: The Interrelation of Heaven, Earth, and Humans.* Cambridge, MA, Harvard University Press, 1998, pp. 59–76, 参见：pp. 68–9。

10　Mencius 7. A. 24, p. 187.

11　Mencius 4. A. 1, p. 118; 4. A. 14, p. 124.

12　Mencius 6. B. 7, p. 176.

13　Xenophon, *Oeconomicus* 4. 8–9.

14　Herrlee G. Creel, *Chinese Thought from Confucius to Mao Tse-tung*. Chicago: University of Chicago Press, 1953, p. 82.

15　Mencius 7. B. 14, p. 196.

16　Mencius 3. B. 3, p. 108.

17　Mencius 2. A. 1, p. 85.

18　Mencius 1. A. 3, p. 51. 还可参见：7. A. 22, p. 186. 它重复了同一段的另一部分，稍有变化。

19　Cicero, *De Natura Deorum* 2. 60, trans. H. Rackham. Cambridge, MA: Harvard University Press, 1951.

20　Ibn Khaldûn, *The Muqaddimah: An Introduction to History*, trans. Franz Rosenthal. New York: Pantheon Books, Bollingen Series 43, 1958.

21　Khaldûn, *The Muqaddimah*, pp. 252–7.

22　Khaldûn, *The Muqaddimah*, p. 308.

23　Clarence J. Glacken, *Traces on the Rhodian Shore*. Berkeley: University of California Press, 1967, pp. 213–14, 349–50.

24　Glacken, *Traces on the Rhodian Shore*, pp. 250–61.

25　Charles R. Young, *The Royal forests of Medieval England*, Philadelphia: University of Pennsylvania Press, 1979, pp. 2–3. 引自：Dorothy Whitelock, ed., *The AngloSaxon Chronicle.* New Brunswick, NJ: Rutgers University Press, 1961, p.165。

26　Ronald E. Zupko and Robert A. Laures, *Straws in the Wind: Medieval Urban Environmental Law, The Case of Northern Italy*. Boulder, CO: Westview Press, 1996.

27　Richard H. Grove, *Green Imperialism: Colonial Expansion, Tropical Island Edens and the Origins of Environmentalism, 1600–1860*. Cambridge: Cambridge University Press, 1995.

28　Richard H. Grove, "Origins of Western Environmentalism," *Scientific American* 267, no. 1, July 1992: 42–7.

29　Grove, *Green Imperialism*, p. 221.

30　Grove, *Green Imperialism*, pp. 203, 206.

31　Grove, *Green Imperialism*, p. 317.

32　George Perkins Marsh, *Man and Nature*, 1864. ed. David Lowenthal. Cambridge, MA: The Belknap Press of Harvard University Press, 1965. 引文在第 10—11 页。

33　Marsh, *Man and Nature*, p. 52.

34　Marsh, *Man and Nature*, p. 43.

35　Marsh, *Man and Nature*, p. 15.

36　全称是《年鉴：经济、社会和文明》(*Annales: Economies, Sociétés, Civilisations*)。

37　Peter Burke, *The French Historical Revolution: The Annales School, 1929–*

1989. Stanford, CA: Stanford University Press, 1990. 该书专门研究了这一群体，值得一读，当然伯克没有探讨他们与环境史的关系。

38 Lucien Febvre, *A Geographical Introduction to History*. New York: Alfred A. Knopf, 1925.

39 Febvre, *A Geographical Introduction to History*, p. 85.

40 Febvre, *A Geographical Introduction to History*, p. 171.

41 Febvre, *A Geographical Introduction to History*, p. 355.

42 Febvre, *A Geographical Introduction to History*, p. 288.

43 Fernand Braudel, *The Mediterranean and the Mediterranean World in the Age of Philip II*. First edition, 1949, second edition, 1966, trans. Sian Reynolds, New York: Harper & Row, 1972.

44 Febvre, *A Geographical Introduction to History*, p. 25.

45 Febvre, *A Geographical Introduction to History*, p. 142.

46 Febvre, *A Geographical Introduction to History*, p. 239.

47 Febvre, *A Geographical Introduction to History*, p. 268.

48 Emmanuel Le Roy Ladurie, *Times of Feast, Times of Famine: A History of Climate since the Year 1000*. 1967. Garden City, NY: Doubleday, 1971.

49 Frederick Jackson Turner, "The Significance of the Frontier in American History," AHA, *Annual Report for the Year 1893*. Washington, DC: American Historical Association, 1893, pp. 199–227.

50 Walter Prescott Webb, "Geographical-Historical Concepts in American History," *Annual of the Association of American Geographers* 50: 85–93.

51 James C. Malin, *The Grassland of North America: Prolegomena to Its History*. MA: Peter Smith, 1967（1947 年初版）。

第三章

环境史在美国的兴起

引言

本章总结环境史领域在美国的重要发展；环境史作为历史学的一个独特分支，是在那里得以冠名并组织起来的。20世纪早期，人们见证了当时被称作资源保护史的兴趣的增长，这与进步的资源保护运动相关，并涉及土地利用、资源保护以及荒野等问题。这一世纪中叶之后环保主义（environmentalism）的出现，意味着历史学家也将关注点转到污染、生活方式和环境立法等问题上来。因此，本章将简要考察美国环境史撰述中的若干突出论题，包括美国环境史概览、前哥伦布时期的调查研究、区域研究、传记、公众史学和法律研究、非政府组织、城市环境、环境正义以及性别问题。最后，会提到一些领域，如技术史、农业史和森林史；这些领域甚至在环境史成为公认的分支学科以前即已研究更具体的环境主题，组织了学会，其实践者则对环境史有着强烈的共同兴趣。 35

36

20世纪60年代后期，对环境史的研究和兴趣局限于相对较少的零星的学者，其中很多人还互不相识；到21世纪初，这支队伍发展到一个有成百上千人的共同体，他们被组织在几个学会之中，通过互联网保持良好的联系，并且涌现了数量庞大且迅速增加的出版物，主要是书籍以及在各种各样的杂志上发表的大量文章。那些试图考察这一领域的学者，包括我在内都发现，他们想要全面回顾这一领域，却因其指数级增长而不知所措。2003年，约翰·麦克尼尔在《论环境史中的自然与文化》[1]一文中对环境史作了令人钦佩的概括——对每一位对这门学科感兴趣的人来说这篇文章都是必读的；他谦虚地辩称，他的写作不得不“以一小部分有代表性的文献为基础”。[2]麦克尼尔采用的文献可能是一小部分，但这是相对而不是绝对的，这篇文章在范围的广度和深度两方面都证明了这一点。我只能步他的后尘，并踏着艾尔弗雷德·克罗斯比、理查德·格罗夫、塞缪尔·海斯、查尔·米勒、维拉·诺伍德、乔基姆·拉德卡、马特·斯图尔特、理查德·怀特和唐纳德·沃斯特等其他开拓者的足迹，而作出一份努力。

从资源保护到环境的美国史

环境史作为一种自觉的历史努力，于20世纪六七十年代首先在美国出现。这样的表述并不意味着否认环境史的许多主题在欧洲史学家的著作中已经出现，这一事实在前一章中已提到，在后面的章节中还会加以展开。此外，历史学家已经关注美国的保护运动，包括自然保护的倡导者，其中有约翰·缪尔（John Muir）以及“进步主义的资源保护运动”（the Progressive Conservation Movement），这一运动代表着对自然资源加以谨慎而科学利用的主张，由约翰·韦斯利·鲍威尔（John Wesley Powell）和吉福德·平肖（Gifford Pinchot）等名人所推动。在西奥多·罗斯福执政（1901—1919年）和富兰克林·罗斯福执政（1933—1945年）期间，进步的资源保护主义者得到了白宫的有力支持。

37

研究资源保护的历史学家认为，从1890年“边疆的结束”到20世纪30年代大萧条这一时期，人们逐步认识到，美国——特别是西部——可能不再被视为一个永不枯竭的自然资源宝库。政府的政策也发生了变化，其中一个方面是，将移交私人支配的土地尽快设立为由联邦机构加以管理的公共保留地。1872年，美国国会将世界上第一座国家公园定名为黄石公园（Yellowstone），并相继建成了其他许多公园，还于1916年通过了建立国家公园管理局（The National Park Service）以管理它们的法律。1891年，总统获权拨出森林保留地，随后几百万英亩土地就得到批准。由于西奥多·罗斯福太过热衷于这一职权的行使，保守的国会取消了它，然而这也许太迟了，因为罗斯福在失去这一权力之前已充分地使用了它。在1905年创建的美国林务局（The US Forest Service）的推进下，国家森林遗产仍在继续扩大。其他的资源保护成就包括野生动物禁猎区、国家级天然胜地、土壤保护、水的回收利用和灌溉以及放牧管制等。

《寂静的危机》可以让我们鸟瞰美国资源保护的历史；这部著作写于1963年，作者是斯图尔特·尤德尔，约翰·肯尼迪总统和林登·约翰逊（Lyndon B. Johnson）总统任内的内政部长。[3] 尤德尔将19世纪中后期描述为由个体开采者造成的一种“对资源的劫掠”，将“进步主义的资源保护运动”描述为民主制的胜利，其中属于公众拥有的资源开始被用来造福于人民。塞缪尔·海斯在《资源保护与效率的福音》[4] 中作了更具批判性的分析，他将罗斯福式的资源保护看作是对科学管理和组织效率的一种强调。最近，亚当·罗姆在《资源保护、自然保护和环境激进主义》一文中，对美国资源保护史著作作了评论。[5]

38

罗德里克·纳什在《荒野与美国思想》[6]中，将资源保护置于思想史的背景之下，强调了自然保护主义者的思想，并通过将荒野同城市场景或美国乡村的“第二景观”作对比，将它确定为早期美国环境史的主要研究对象。

然而，正是海斯界定了这一时期美国人对待环境的态度的巨大变化，这一变化催生了环保运动以及作为一种学术努力的环境史。在一篇题为《从资源保护到环境：二战以来美国的环境政治》的文章中——后来扩充为《美、健康与永恒》一书，[7]海斯提到了新的环境价值观的出现，包括对环境设施、娱乐、审美以及健康的需要，而所有这些都与生活和教育水平的提高有关。当然，至少在半个世纪内美国人一直热衷于野营和远足，并且大多喜欢户外活动。约翰·缪尔于1892年成立塞拉俱乐部（The Sierra Club）来宣传荒野的价值。20世纪20年代中叶，汽车已成为美国人的主要交通工具，将他们带到公园和森林之中。50年代，由于摆脱了经济萧条和战争的困扰，数量空前的人寻求与环境相关的娱乐方式。

除了土地利用和资源外，美国人也越来越关注那些直接影响他们的环境问题。他们意识到了原子弹试验所产生辐射微尘造成的放射性污染危险；新闻媒体向他们讲述了五大湖区的石油泄露和水体污染；全国各地都出现了汽油短缺问题；而从城市到大峡谷也能看到与感觉到更大程度的空气污染。雷切尔·卡森在1962年的著作《寂静的春天》中已警告人们注意残留性农药造成的危害，[8]而在1970年4月22日第一个地球日这一天，新兴的环保运动在全国范围内引起关注。紧接着，一系列环境法由国会颁布并由总统们签署，其中包括理查德·尼克松；生态学，从前还是一门鲜为人知的学科，现在则成为一个家喻户晓的词汇。

39

毫无疑问，那些在20世纪六七十年代开创环境史领域的历史学家绝大多数是环保主义者，正是这一情况使得他们在研究和撰述中特别重视这一点。譬如，罗德里克·纳什帮助起草了一份环境权利宣言，组织了一次引起广泛关注的研讨会，探讨1969年圣巴巴拉海峡石油泄露灾难的后果问题，这一海峡从他所在的加州大学校园可以看到。他随后在学校里帮助发起了一项环境研究计划。然而，这些历史学家从一开始也流露出一种担忧，希望人们不要把他们的工作看作是一种环保主义的新闻报道。1982年约翰·奥佩就这个问题发表过意见，称其为“渲染的幽灵”（the specter of advocacy），[9]因为那时环境史学家在史学界内部受到了怀疑，理由是他们以带有倾向性的方式渲染一种可能危及学术性的观点。但是，这种不信任总的来说没有必要。环境史学家保持了他们的客观性（有时候他们在避免渲染的要求上或许矫枉过正了），而且经常批评环保主义者和他们的反对者。奥佩还提醒他的读者说，"渲染"有一定的好处，完全回避它，可能就回避了重要的伦理问题。是非分明并不意味着不客观。在这方面，唐纳德·沃斯特是很好的榜样。他是一位广受尊敬的历史学家，在对行动方针的建议上他从不疑虑，这显然都源于他对历史的广见卓识。然而，这个问题仍悬而未决。[10]

1976年，一群学者——主要是历史学家，但也包括相当一部分从事"环境伦理学"研究的哲学家以及研究环境主题文学的学者——成立了以约翰·奥佩为主席的美国环境史学会。同年，该学会开始发行会刊，相继命名为《环境评论》(*Environmental Review*，1976—1989年)、《环境史评论》(*Environmental History Review*，1990—1995年)和《环境史》(1996年至今)。刊名的变化准确地反映了该学会学术努力的逐步转变，即从广泛的跨学科探索到日益被视为历史学分支的一个学科。尽管如此，因其概念所系，环境史一直是一项跨学科的事业；在得到实践的每个领域都是如此。

40

美国环境史研究的脉络

1985年，理查德·怀特发表了一篇史学论文，题为《美国环境史：一个新的历史领域的发展》，[11] 概述了这一领域新近出现的学术成就。从那时起，几乎每一位试图对美国环境史做一番史学回顾的作者，都在抱怨文献资料浩如烟海、五花八门，不可能作出面面俱到的断言。

1990年，《美国历史杂志》（*The Journal of American History*）举办了一场环境史圆桌会议，刊登了艾尔弗雷德·克罗斯比、理查德·怀特、卡罗琳·麦钱特、威廉·克罗农、斯蒂芬·派恩的文章，以及唐纳德·沃斯特的两篇文章。[12] 这为当时的重要问题提供了深刻的见解，并在该领域产生了持久的影响。卡罗琳·麦钱特编撰了一部值得信赖的手册，即《哥伦比亚美国环境史指南》，于2002年出版。[13]

麦钱特所覆盖的范围令人钦佩，在我这样篇幅的一本书中，不可能指望去仿效她。因此，以下要做的，是简要回顾1970年到2014年间引起美国环境史学家关注的一些主要课题领域的著述。虽然所提到的作品无论如何都不能穷尽文献，但是可作为学生可能会觉得有启发性的精选样本。

麦钱特那部著作的开篇章节叫作“美洲环境和本地人—欧洲人的遭遇，1000年—1875年”，按时间顺序排列。另一部关于欧洲人入侵新大陆的划时代著作，是艾尔弗雷德·克罗斯比的《哥伦布大交换》。[14]克罗斯比认为，欧洲人的胜利不仅仅在于武器与技术的精良，还与欧洲人带来的生物——包括动植物的“生物旅行箱”（portmanteau biota）——引起的生物后果有关，尤其与那些在美洲本地人中引起“处女地流行病”（virgin soil epidemics）的微生物有关，这些人对它们没有一点抵抗力。美洲印第安人的生活方式在生态上的友好程度一直是一个有争议的主题。卡尔文·马丁在《猎物的看护者》中提出，经过长期的实践，印第安人的信仰结构适应了北美的环境，但是它却在欧洲人的贸易与疾病的冲击下坍塌了，而且，印第安人的生态道德无论如何都不能为外来的欧裔美国社会所移用。[15]

41

由于美国地域辽阔和生态的多样性，一部全美环境史会呈现一些与世界环境史相同的问题。有一些文本试图完成这项任务，包括约瑟夫·佩图拉的《美国环境史》[16]和约翰·奥佩的《自然的国度》。[17]另一个范本是泰德·斯坦伯格的《回归大地》[18]，这部著作对美国资本主义改造自然的各方面嗜好作了尖锐的批评。卡罗

在美国犹他州纳瓦霍保留地（The Navajo Reservation, Utah）的荒地上，羊群在吃草。作者摄于 1963 年

琳·麦钱特在《美国环境史导论》中提供了有用的引导。[19] 马克·菲格的《自然的共和国》是一部有意义的著作，[20] 它并不试图进行包罗万象的考察，而是精心挑选美国历史的某些阶段及其环境方面作了阐述。

42

地区环境史很早就出现了，并且很好地体现了环境史这一领域的成就；有些地区比其他地区更引人注目，从文献资料看，并不是所有的地区都有这样的体现。但一个地区比一个国家更适合用生态学术语加以定义。大平原作为地区主题，已在沃尔特·普雷斯科特·韦布和詹姆斯·马林的著作中出现。[21] 更为辽阔的西部则是

从空中拍摄的美国堪萨斯州大平原某个区域的景色。土地的长方形马赛克形状源自 1785 年的联邦土地调查和 1862 年的《宅地法》。作者摄于 1962 年

1970 年的一篇影响深远的论文的主题，这篇文章是威尔伯·雅各布斯写的，题为《边区居民、毛皮商及其他歹徒：对美国历史中边疆的生态评价》，[22]它帮助美国环境史步入正轨。雅各布斯主张，说到环境的掠夺者，我们认为不是西部勇敢的探险者和开发者，而是捕猎手和毛皮商，譬如他们从河中捕走海狸，而没有海狸筑坝，河流就容易泛滥。1979 年，两部关于尘暴——20 世纪 30 年代的生态灾难——的重要著作问世，一部是唐纳德·沃斯特的，另一部是保罗·邦尼菲尔德的。[23]

更早的一幕，即美洲野牛的濒临灭绝，安德鲁·伊森伯格将其置于生态背景之中。[24]

43 关于加利福尼亚环境史的一份优秀指南，是卡罗琳·麦钱特编写的《绿色挑战金色》[25]——该州如此辽阔并富于变化，它本身就可以作为一个地区。这是一部原始文献选集，附有简短的说明性文章，涉及加利福尼亚史上每一时期的环境变化。其间囊括了美洲印第安人、西班牙殖民者、黄金潮的淘金者、林务员、农场主、水利开发者、城市居民、科学家以及环保主义者等人的声音。

新英格兰早期环境史，是威廉·克罗农的著作《土地的变迁》的主题，[26]该书广受称赞，它追溯了欧洲人对待土地的态度和资本主义的影响，这表现为对景观的改造以及对印第安人的驱逐。此外，卡罗琳·麦钱特在《生态革命》中考察了新英格兰土地使用的两大变化，[27]第一个是由殖民地居民家庭的到来引起的，第二个是由19世纪早期向市场经济的转变引起的。理查德·贾德则探索出新英格兰资源保护的起源不是自上而下的政府管理，而是普通人的态度和决定。[28]

南部环境史由艾伯特·考德雷在《这片土地，这是南方》[29]中作了精心的分析；在书中他指出了害虫和土壤侵蚀造成的损失，这是普遍种植棉花、谷物和烟草等单一作物的结果。卡维尔·厄尔在一篇捍卫南方小农场主的生态作用的文章中作了回应。[30]对有关这一地区的著述的考察，则是奥蒂斯·格雷厄姆提供的；[31]而保罗·萨特和克里斯托弗·曼加涅洛编辑的一册书中收入了一系列引人入胜的文章。[32]

资源保护与环境保护历史中重要人物的传记构成美国环境史的一部分。像乔治·珀金斯·马什和约翰·缪尔等早期人物已受到关注。马什的传记作者是戴维·洛恩塔尔；[33]缪尔则受到许多传记作家的尊敬，为其作传的有斯蒂芬·福克斯、迈克尔·科恩、瑟曼·威尔金斯和唐纳德·沃斯特。[34]斯蒂文·霍尔姆斯的著作《青年时代的约翰·缪尔》[35]是一部比较特别的环境传记，考察了缪尔的成长环境在其思想发展中的影响。唐纳德·沃斯特为博物学家、探险家及开垦倡导者约翰·韦斯利·鲍威尔所作的传记是无与伦比的。[36]

进步的资源保护运动的领袖们也都有传记研究。它们中有哈罗德·平克特和查尔·米勒对吉福德·平肖生平的研究，[37]有保罗·卡特赖特和道格拉斯·布林克利对西奥多·罗斯福资源保护特点的研究，以及里斯—欧文对富兰克林·罗斯福资源保护特点的研究。[38]还有戴维·伍尔纳和亨利·亨德森主编的《富兰克林·罗斯福与环境》。[39]苏珊·弗莱德关于奥尔多·利奥波德的令

44

雷尼尔火山（Mount Rainier），海拔 4392 米（14410 英尺），是美国华盛顿州雷尼尔山国家公园（Mount Rainier National Park, Washington State）的中心部分，定名于 1899 年。作者摄于 1970 年

人钦佩的著作《像山那样思考》[40] 以及琳达·利尔关于雷切尔·卡森的权威性著作，集中体现了生态学时代的开端。[41]

关于那些负责环境、特别是公共土地的政府部门的历史，有被昵称为“皮特”的 H. K. 斯蒂恩和塞缪尔·海斯阐释的历史，以及保罗·赫特在《乐观主义的阴谋》中所作的严谨考察。[42] 艾尔弗雷德·朗特和理查德·塞勒斯则以截然不同的方式对国家公园管理局进行了评述。[43] 朗特认为，建立公园的目的是为了国家的自尊，而不是资源保护；塞勒斯则指出，该机构将管理的重点置于休闲旅游而非科学调查。某座国家公园的历史也陆续问世。在这一主题领域，环境史学家的兴趣常常与日益发展的公众史学领域的兴趣相一致；公众史学领域强调历史知识的有用性超出了纯学术的范围，因此包含了环境史的实际应用。全国公众史学委员会（The National Council on Public History，NCPH）于 1980 年成立，除美国外，它还在加拿大以及其他以英语为母语的国家开展工作。[44] 全国公众史学委员会和美国环境史学会联合举办过会议。

在战后普遍的环境意识和激进主义来临的时期，政府开始颁布法规，并超出了土地管理，转向了更为广阔的环境领域，譬如对空气、水和土地污染的控制，对濒危物种的保护，以及对视觉景观的保护，包括对户外广告的限制。环境法在法律教育中很快成为被认可的主题。至少直到最近，与环境史学家相比，法律学者对环境法研究更感兴趣。[45]

涉及环境的非政府机构多到令人难以置信，这本身可能是环保运动的弱点所在。其中资历最老、规模最大、势力最强的（尽管有分裂倾向）一个是塞拉俱乐部，它促成了几部历史著述，包括迈克尔·科恩写的通俗而又可靠的那一部。[46] 塞拉俱乐部在政治上有一段十分复杂的故事，即阻止在大峡谷内修建水坝的运动，并取得了显著的胜利；拜伦・皮尔森撰写了《那天然河流依旧流淌》，对此作了精确的研究。[47]

城市环境史在这日益城市化的国家成为一个中心论题。马丁・梅洛西是该领域一位敏锐而多产的作者，他最著名的三部著作分别是论废物管理的《城市中的垃圾》、论基础设施的《环卫城市》以及论能源及相关发展的《三废四溢的美国》。[48] 另一位研究城市环境的先驱乔尔・塔尔有一部杰作，即《寻查终极污水池》。[49] 威廉・克罗农论芝加哥的《自然的大都市》是最著名的城市环境史著作，包含了与那城市相连的区域。[50] 关于各个城市环境问题的历史著作十分丰硕，其中有三部佳作，即麦克・戴维斯关于洛杉矶的著作《令人忧虑的生态》、阿里・克尔曼关于新奥尔良政治与基础设施的著作《河流与城市》以及马修・克林格尔关于西雅图的著作《翡翠城》。[51]

环境正义与城市环境史相联，因为在历史上少数族裔与穷人往往集中在城市附近，但不幸的是，在乡村地区也存在大量的环境非正义事例。一些环境史学家关注的是，造成污染的设施或其他危险设施的位置往往靠近那些缺乏财力或政治资源来同这种决定作斗争的人。马丁・梅洛西在《公平、生态种族主义和环境正义运动》

从空中拍摄的美国内华达州拉斯维加斯（Las Vegas, Nevada）郊区景色。郊区的迅速扩展是城市环境史的突出方面。作者摄于2000年

中，考察了环境史的这一方面。[52]关于这一主题，有一部优秀的文集，即罗伯特·布拉德主编的《不平等的保护》。[53]

47

自环境史诞生以来，妇女在人类与环境的关系中的历史作用一直是人们撰述的一个重要论题。这包括对作为环境运动领袖的妇女的研究，关于生态女性主义哲学的历史，以及在环境的概念化中对大地母亲（Mother Earth）和盖娅（Gaia）等女性隐喻的分析。在所考察的观念中，有一种观念认为，妇女比男子更亲近自然；

男子以相似的方式实行对自然和妇女两者的统治。举例来说，所有这些方面都由卡罗琳·麦钱特在著作《大地关怀：妇女与环境》中作了考察。[54] 苏珊·施雷普弗的《自然的圣坛》从对山岳的欣赏以及对浪漫的极致审美方面将性别与环保主义联系起来；珍妮弗·普赖斯则探讨了 20 世纪初期妇女抵制羽饰帽子的现象，而关于与性别相关的环境态度的许多其他评论，常常不够严肃。[55] 伊丽莎白·布鲁姆写过一篇关于这一整个主题的史学论文，即《美国妇女的历史与环境史的联结：一种刚起步的史学》。[56] 南希·昂格尔有关这一主题的大作《超越自然的管家》于 2012 年出版。[57]

环境史的合作者

一些与环境史或多或少有关联的历史学分支学科都有早于环境史的独立起源，并在过去的二三十年中已认识到了它们之间的相似性。其中有技术史、农业史和森林史。从环境史的观点来看，这些学科可以被看作其研究的组成部分，因为它们也考察人类与自然环境的互动。现在，技术史学家与环境史学家在彼此的讨论会上见面并召开分会。农业史则保持了更独立自主的个性，但有时候两边的学者都会撰写文章，在对方的会议上宣读，并在相应的期刊上发表。森林史与环境史的关系最为密切；在美国，它们的学会在成员和领导方面有着相当的重叠，现在又共用同一份期刊。[58]

技术是环境史必不可少的一个方面，因为可以说，人类对自然环境的最重大影响都是通过技术实现的。在过去的两个世纪，使环境变化日益广泛、迅速的一个因素便是强大的技术进步。对于技术与环境交叉领域中的历史著述，有一份综合性指南，即杰弗里·斯泰恩和

48

当地人在印度尼西亚婆罗浮屠附近的爪哇岛（Java, near Borobudur, Indonesia）耕田。农业史是一门与环境史密切相关的学科。作者摄于 1994 年

乔尔·塔尔合写的《在历史的交点上》。[59] 考察这一主题下有关环境内容的一部技术史，是卡罗尔·珀塞尔的《机器在美国》。[60] 技术与城市环境的相互影响在许多研究中都得到了重视，其中值得注意的是马丁·梅洛西的成果。[61] 水利工程与采矿史是相关的次分支学科。

技术史学会（The Society for the History of Technology, SHOT）于 1958 年成立，以推动对技术发展及其与社会和文化的关系的研究。许多技术史著作都未能考虑到环境影响，即使像污染这种明显的方面也没有涉及。

49

不过，为数不少的技术史学家开始认识到，这是一种令人遗憾的方法上的缺陷，并发现他们与一些环境史学家有着共同的兴趣。技术史学会的会员们组织了一个叫作“环境技术”（Envirotech）的特别兴趣小组，它在技术史学会和美国环境史学会的会议上召开分会，并于 2001 年开始发布互联网通信。[62] 多莉·约根森、芬恩·阿恩·约根森和塞拉·普里查德合作主编了一部杰出的专题性作品，即《新自然》，将环境史与科技研究结合起来。[63]

由于人类从事农业已有一万多年的历史，在这一时期的后半期，农业提供了人类从自然中获取的绝大多数食物，因此农业史从一开始就占据了环境史研究的中心位置。狩猎现在只提供了世界上大部分地区所需要的一小部分蛋白质，而渔业在一定程度上正让位给海产养殖业。

正如艾尔弗雷德·克罗斯比指出的，无论在世界范围还是在北美，农业史研究都推动了环境史观念的形成。[64] 对农业侵害引起的环境变化进行考察的人，有前面提到的皮埃尔·普瓦夫尔、亚历山大·冯·洪堡、乔治·珀金斯·马什以及詹姆斯·马林。[65] 马特·斯图尔特写过一篇追踪这部分内容的文章。[66] 许多发表在环境史期刊上的文章探讨的是农业史题目。

农业史学会（The Agricultural History Society, AHS）成立于1919年。它的期刊《农业史》自1926年开始发行，其中有许多以环境史为主题的文章。该学会所宣称的目的包括促进有关乡村社会的研究与出版。这表明了它对社会史的专注；当然，对该期刊目录表的阐释表明，它同样重视经济史。近来，农业史学家对可持续农业这一观念日益感兴趣，有人将它与“农业生态学”（agroecology）这一术语以及对生态系统概念和农业方法的考察联系起来。

“就像人有传记一样，森林也有它们自己的可以被阐明和记述的历史”，这是迈克尔·威廉斯在不朽的世界森林史著作《滥伐地球的森林》[67] 中所说的。在欧洲、美国和其他地方，特别是在印度，森林史研究是一

50

项比环境史更悠久的事业。对于森林史的兴趣，很大程度上是由林业方面的领导、管理者以及林务官引发的；他们认为，他们自己在开发和加工林产品方面的活动值得记载。譬如，在美国，森林史学会将其起源追溯到1946年在明尼苏达历史学会（Minnesota Historical Society）内部成立的林产品历史协会（Forest Products History Association）。森林史学会从1959年开始独立存在，它的总部相继设在耶鲁大学和加州大学圣克鲁斯分校，而后于1984年迁到了现在的所在地，即靠近北卡罗来纳达勒姆的杜克大学。[68]与一份期刊和一项有力的出版计划一起，森林史学会开发了世界上最完备的森林与资源保护史以及环境史的专用资料馆和档案室，其中包括数据库和口述史料。1996年，森林史学会与美国环境史学会建立了合作关系，两者共同发行一份杂志，即《环境史》。森林史方面的文献极其丰富，在美国尤其如此。这方面的概述，除了前面提到的威廉斯的著作外，还可参考他的另一部著作《美国人及其森林》，以及由托马斯·考克斯、罗伯特·麦克斯维尔和菲利普·托马斯合编的《这片林木茂盛的土地》。[69]

在20世纪最后25年环境史作为一门历史分支学科出现的过程中，美国环境史学家发挥了突出的作用，这一事实是不可否认的，但它可能被一些环境史学家强调过头了。理查德·格罗夫，一位研究南亚与非洲的欧洲帝国主义的英国学者，对美国环境史学家的狭隘倾向进行了娴熟的批判，认为他们的分析是基于美国的资料，很少放眼大西洋、格兰德河*甚至加拿大边界之外。格罗夫正确地指出，环境史学家关注的许多重要问题在19世纪和20世纪早期已由欧洲历史地理学家提出来了，美国的发展与其他地方有相似之处。他并没有轻视美国的环境学者，而是指出其中许多最重要的人是地理学家，如埃尔斯沃思·亨廷顿（Ellsworth Huntington）、艾伦·丘吉尔·森普尔（Ellen Churchill Semple）、卡尔·奥特温·索尔（Carl Ortwin Sauer）以及克拉伦斯·格拉肯。最后这位是一位知识渊博的历史学家，他早在20世纪60年代之前就有很好的撰述，那还是现代意义的“环境史”术语被人们使用之前的岁月。虽然在环境史这门历史学分支发展之初美国环境史学家就恰当地将乔治·珀金斯·马什追认为他们的前辈和先导，但他们往往忘记了其著作《人与自然》；该书启自罗马帝国，跨越了欧洲、地中海地区以及美国等广大区域。马什曾在意大利居住过30年，他对人类引起的环境变迁的评价，可以与普鲁士的亚历山大·洪堡、英国经济学

51

* 格兰德河（the Rio Grande），即布拉沃河，北出落基山脉，东南注入墨西哥湾，长约3000公里，其中作为美国和墨西哥的界河约2000公里。

家约翰·斯图尔特·密尔（John Stuart Mill）以及英国科学家休·克莱格霍恩（Hugh Cleghorn）和约翰·克伦比·布朗（John Croumbie Brown）等人相媲美。[70] 到21世纪初，环境史研究中美国小分队的孤立主义虽然并未彻底消失，但已得到克服。毕竟，有很多美国学者在全球或非美国的专门领域从事研究，而那些依然专长于美国的学者已关注到比较主题。马尔库斯·霍尔做了一项有趣的工作，即对意大利和美国的环境恢复情况进行比较。[71] 一个欧洲学会的组建以及全球范围内许多会议的举办，吸引了美国环境史学家的参与，并促使他们与其他地方的同行展开对话。

---

1 J. R. McNeill, "Observations on the Nature and Culture of Environmental History," *History and Theory, Theme Issue* 42 (December 2003): 5–43.

2 McNeill, "Observations," p. 5.

3 Stewart Udall, *The Quiet Crisis*. New York: Holt, Rinehart and Winston, 1963. 25年后该书被修订再版，书名为：*The Quiet Crisis and the Next Generation*, Salt Lake City, UT: Peregrine Smith, 1988。

4 Samuel P. Hays, *Conservation and the Gospel of Efficiency*. Cambridge: Cambridge University Press, 1959.

5 Adam Rome, "Conservation, Preservation, and Environmental Activism: A Survey of the Historical Literature," National Park Service website, "History: Links to the Past," <www.cr.nps.gov/history/hisnps/NPSTHinking/nps-oah.htm>.

6 Roderick Nash, *Wilderness and the American Mind*. New Haven, CT: Yale University Press, 1967.

7 Samuel Hays, "From Conservation to Environment: Environmental Politics in

the United States Since World War Ⅱ ," *Environmental Review* 6, no. 2 (1982): 14–41; Samuel Hays, *Beauty, Health and Permanence: Environmental Politics in the United States, 1955–1985*, Cambridge: Cambridge University Press, 1987.

8　Rachel Carson, *Silent Spring*, Boston. MA: Houghton Mifflin, 1962, p. 6.

9　John Opie, "Environmental History: Pitfalls and Opportunities," *Environmental Review* 7, 1 (Spring 1983): 8–16.

10　参见 Sean Kheraj, "Scholarship and Environmentalism: The Influence of Environmental Advocacy on Canadian Environmental History," *Acadiensis* 43, no. 1 (Winter/Spring 2014): 195–206。

11　Richard White, "American Environmental History: The Development of a New Historical Field," *Pacific Historical Review* 54 (August 1985): 297–337. 还可参见同一作者的一篇回顾性短文："Afterword, Environmental History: Watching a Historical Field Mature," *Pacific Historical Review* 70 (February 2001): 103–11。

12　*The Journal of American History* 76, no. 4 (March 1990): 1087–147.

13　Carolyn Merchant, *The Columbia Guide to American Environmental History*. New York: Columbia University Press, 2002.

14　Alfred W. Crosby, Jr., *The Columbian Exchange: Biological and Cultural Consequences of 1492*. Westport, CT: Greenwood Press, 30th edn, 2003.

15　Calvin Luther Martin, *Keepers of the Game: Indian-Animal Relationships and the Fur Trade*. Berkeley: University of California Press, 1978.

16　Joseph M. Petulla, *American Environmental History*. Columbus, OH: Merrill Publishing, 1988. 1st edn. Boyd & Fraser, 1977.

17　John Opie, *Nature's Nation: An Environmental History of the United States*. Fort Worth, TX: Harcourt Brace, 1998.

18　Ted Steinberg, *Down to Earth: Nature's Role in American History*. New York: Oxford University Press, 2002.

19　Carolyn Merchant, *American Environmental History: An Introduction*. New York: Columbia University Press, 2007.

20　Mark Fiege, *The Republic of Nature: An Environmental History of the United States*. Seattle: University of Washington Press, 2012.

21　Watter Prescott Webb, *The Great Plains*. Boston: Ginn and Company, 1931; James C. Malin, *The Grassland of North America: Prolegomena to Its History*. Gloucester, MA: Peter Smith, 1967 (orig. Publ. 1947).

22　Wilbur R. Jacobs, "Frontiersmen, Fur Traders, and Other Varmints: An Ecological Appraisal of the Frontier in American History," *AHA Newsletter*

(November 1970): 5–11.
23　Donald Worster, *Dust Bowl: The Southern Plains in the 1930s*, New York: Oxford University Press, 1979. Paul Bonnifield, *The Dust Bowl: Men, Dirt, and Depression*, Albuquerque: University of New Mexico Press, 1979. 对这些著作的比较性评论，参见 William Cronon, "A Place for Stories: Nature, History, and Narrative," *Journal of American History* 78, 4 (March 1992): 1347–76。
24　Andrew Isenberg, *The Destruction of the Bison: An Environmental History, 1750–1920.* Cambridge: Cambridge University Press, 2001.
25　Carolyn Merchant, ed., *Green versus Gold: Sources in California's Environmental History*. Washington, DC: Island Press, 1998.
26　William Cronon, *Changes in the Land: Indians, Colonists, and the Ecology of New England*. New York: Hill and Wang, 1983.
27　Carolyn Merchant, *Ecological Revolutions: Nature, Gender, and Science in New England*. Chapel Hill: University of North Carolina Press, 1989.
28　Richard W. Judd, *Second Nature: An Environmental History of New England*. Amherst, MA: University of Massachusetts Press, 2014.
29　Albert E. Cowdrey, *This Land, This South: An Environmental History*. Lexington: University of Kentucky Press, 1983.
30　Carville Earle, "The Myth of the Southern Soil Miner: Macrohistory, Agricultural Innovation, and Environmental Change," in Donald Worster, ed., *The Ends of the Earth*. Cambridge: Cambridge University Press, 1988, pp. 175–210.
31　Otis Graham, "Again the Backward Region? Environmental History in and of the American South," *Southern Cultures* 6, no. 2 (2000): 50–72.
32　Paul S. Sutter and Christopher J. Manganiello, *Environmental History and the American South: A Reader*. Athens: University of Georgia Press, 2009.
33　David Lowenthal, *George Perkins Marsh, Prophet of Conservation*, Seattle: University of Washington Press, 2000. 这是他的另一著作的修订版：David Lowenthal, *George Perkins Marsh: Versatile Vermonter*. New York: Columbia University Press, 1958。
34　Stephen R. Fox, *John Muir and His Legacy: The American Conservation Movement*. Boston: Little, Brown, 1981; Michael P. Cohen, *The Pathless Way: John Muir and American Wilderness*. Madison: University of Wisconsin Press, 1984; Thurman Wilkins, *John Muir: Apostle of Nature*. Norman: University of Oklahoma Press, 1995; Donald Worster, *A Passion for Nature: The Life of John Muir*. New York: Oxford University Press, 2008.
35　Steven J. Holmes, *The Young John Muir: An Environmental Biography*,

Madison: University of Wisconsin Press, 1999.

36　Donald Worster, *A River Running West: The Life of John Wesley Powell*. New York: Oxford University Press, 2001.

37　Harold T. Pinkett, *Gifford Pinchot: Private and Public Forester*. Chicago: University of Illinois Press, 1970; Char Miller, *Gifford Pinchot and the Making of Modern Environmentalism*.

38　Paul R. Cutright, *Theodore Roosevelt: The Making of a Conservationist*. Chicago: University of Illinois Press, 1985; Douglas Brinkley, *The Wilderness Warrior: Theodore Roosevelt and the Crusade For America*. New York: Harper-Collins, 2009; A. L. Riesch-Owen, *Conservation under FDR*. New York: Prager, 1983.

39　David B. Woolner and Henry L. Henderson, eds., *FDR and the Environment*. New York: Palgrave Macmillan, 2009.

40　Susan L. Flader, *Thinking Like a Mountain: Aldo Leopold and the Evolution of an Ecological Attitude toward Deer, Wolves, and Forests*. Madison: University of Wisconsin Press, 1994.

41　Linda Lear, *Rachel Carson: Witness for Nature*. New York: Henry Holt, 1997.

42　Harold K. Steen, *The US Forest Service: A Centennial History*. Seattle: University of Washington Press, 2004; Samuel P. Hays, *The American People and the National Forests: The First Century of the US Forest Service*, Pittsburgh: University of Pittsburgh Press, 2009; Paul W. Hirt, *A Conspiracy of Optimism: Management of the National Forests since World War II*, Lincoln: University of Nebraska Press, 1996.

43　Alfred Runte, *National Parks: The American Experience*. Lincoln, NE: University of Nebraska Press, 1979; Richard W. Sellars, *Preserving Nature in the National Parks*, New Haven, CT: Yale University Press, 1997.

44　2004年，全国公众史学委员会和美国环境史学会在加拿大维多利亚举办联席会议，吸引了700多名与会者。

45　有关这方面的例子，可参见：Richard J. Lazarus, *The Making of Environmental Law*. Chicago: University of Chicago Press, 2004。

46　Michael P. Cohen, *The History of the Sierra Club, 1892–1970*. San Francisco: Sierra Club Books, 1988.

47　Byron E. Pearson, *Still the Wild River Runs: Congress, the Sierra Club, and the Fight to Save the Grand Canyon*. Tucson, AZ: University of Arizona Press, 2002.

48 Martin V. Melosi, *Garbage in the Cities: Refuse, Reform, and the Environment, 1880–1980*. Pittsburgh, PA: University of Pittsburgh Press, 2005，是 1981 年版本的再版；*The Sanitary City: Environmental Services in Urban America from Colonial Times to the Present*, Pittsburgh, PA: University of Pittsburgh Press, 2008; *Effluent America: Cities, Industry, Energy, and the Environment*. Pittsburgh, PA: University of Pittsburgh Press, 2001。

49 Joel Tarr, *The Search for the Ultimate Sink: Urban Pollution in Historical Perspective*. Akron, OH: Akron University Press, 1996.

50 William Cronon, *Nature's Metropolis: Chicago and the Great West*. New York: W. W. Norton, 1992.

51 Mike Davis, *The Ecology of Fear: Los Angeles and the Imagination of Disaster*. New York: Metropolitan Books, 1998; Ari Kelman, *A River and Its City: The Nature of Landscape in New Orleans*. Berkeley: University of California Press, 2003; Matthew Klingle, *Emerald City: An Environmental History of Seattle*. New Haven, CT: Yale University Press, 2009.

52 Martin V. Melosi, "Equity, Eco-Racism, and the Environmental Justice Movement," in J. Donald Hughes, ed., *The Face of the Earth*. Armonk, NY: M. E. Sharpe, 2000, pp.47–75.

53 Robert D. Bullard ed., *Unequal Protection: Environmental Justice and Communities of Color*. San Francisco: Sierra Club Books, 1994.

54 Carolyn Merchant, *Earthcare: Women and the Environment*. New York: Routledge, 1995. 还可参见：Carolyn Merchant, *The Death of Nature: Women, Ecology, and the Scientific Revolution*. New York: Harper and Row, 1980。

55 Susan R. Schrepfer, *Nature's Altars: Mountains, Gender and American Environmentalism*. Lawrence: University Press of Kansas, 2005; Jennifer Price, *Flight Maps: Adventures with Nature in Modern America*. Cambridge, MA: Basic Books, 2000.

56 Elizabeth D. Blum, "Linking American Women's History and Environmental History: A Preliminary Historiography," ASEH website, at, as of August, 2005: http://www.h-net.org/~environ/historiography/uswomen.htm.

57 Nancy C. Unger, *Beyond Nature's Housekeepers: American Women in Environmental History*. New York: Oxford University Press, 2012.

58 即《环境史》(*Environmental History*)，在北卡罗来纳的达勒姆出版。

59 Jeffrey K. Stine and Joel A. Tarr, "At the Intersection of Histories: Technology and the Environment," *Technology and Culture* 39, no. 4 (1998): 601–40.

60　Carroll Pursell, *The Machine in America: A Social History of Technology*. Baltimore, MD: Johns Hopkins University Press, 1995.

61　Martin V. Melosi, *Garbage in the Cities: Refuse, Reform, and the Environment*. Pittsburgh, PA: University of Pittsburgh Press, 2005; *Coping with Abundance: Energy and Environment in Industrial America*. Philadephia: Temple University Press, 1985.

62　见网址 www.udel.edu/History/gpetrick/envirotech。

63　Dolly Jørgensen, Finn Arne Jørgensen, and Sara B. Pritchard, *New Natures: Joining Environmental History with Science and Technology Studies*. Pittsburgh: University of Pittsburgh Press, 2013.

64　Alfred W. Crosby, "The Past and Present of Environmental History," *American Historical Review* 100, no.4 (October 1995): 1177–89.

65　Donald Worster, "Arranging a Marriage: Ecology and Agriculture," *The Wealth of Nature: Environmental History and the Ecological Imagination*. New York: Oxford University Press, 1993, pp. 64–70；重印收于 Carolyn Merchant, ed., *Major Problems in American Environmental History: Documents and Essays*, Lexington, MA: D. C. Heath, 1993。

66　Mart A. Stewart, "If John Muir Had Been an Agrarian: American Environmental History West and South," *Environment and History* 11, no. 2 (May 2005): 139–62.

67　Michael Willians, *Deforesting the Earth: From Prehistory to Global Crisis*. Chicago: University of Chicago Press, 2003, p. 5.

68　Harold K. Steen, *The Forest History Society and Its History*. Durham, NC: Forest History Society, 1996.

69　Michael Williams, *Americans and Their Forests: A Historical Geography*. Cambridge: Cambridge University Press, 1992; Thomas R. Cox, Robert S. Maxwell, and Philip D. Thomas, editors, *This Well-Wooded Land: Americans and Their Forests from Colonial Times to the Present*. Lincoln: University of Nebraska Press, 1985.

70　Richard Grove, "Environmental History," in Peter Burke, ed., *New Perspectives in Historical Writing*. Cambridge: Polity, 2001, pp. 261–82.

71　Marcus Hall, *Earth Repair: A Transatlantic History of Environmental Restoration*. Charlottesville: University of Virginia Press, 2005.

第四章

地方、区域和国别环境史

引言

美国以外的区域、国别和地方环境史研究文献浩如烟海，[1] 这些研究为将来撰写可靠的世界环境史奠定了基础。全球研究必须牢固地建立在地方研究之上，这方面的一些工作就是由从事地方、国别和区域研究的学者完成的。国际上有越来越多的人在研究他们本土的环境史。为提供一个结构化框架，使世界各地对环境史感兴趣的组织和机构可以在其中以多学科和跨学科的方式聚会和工作，2009 年国际环境史组织联盟（The International Consortium of Environmental History Organizations，ICEHO）成员聚在一起，在哥本哈根和马尔默举行了第一次会议，这为地球上许多地方的环境史学家提供了相遇和交流学术的机会。国际环境史组织联盟第二次会议于 2014 年在葡萄牙的吉马良斯（Guimarães）召开。

52

在很多情况下，学者从事的是全球范围的研究而不局限于本乡本土，北美、澳大利亚和欧洲的学者尤其如此。譬如，荷兰环境史学家对印度尼西亚作出了重要研究，这是由于个人联系以及因前殖民关系而留下的资料的结果。[2] 有一位既研究家乡又研究海外的学者，是蒂姆·弗兰纳里。他是澳大利亚学者，在哈佛大学做客座教授，教澳大利亚史。他不仅写过澳大拉西亚* 环境史著作《未来的吞噬者》，[3] 而且写过《永恒的边疆：北美及其民众的生态史》。[4]

53

有一个关于某一地区研究的范例，研究世界环境的作者应该认真对待，这就是马德哈夫·加吉尔和拉马昌德拉·古哈写的《这片开裂的土地：印度生态史》。[5] 两位作者将他们对南亚次大陆的研究置于从史前一直延伸到工业时代的世界环境史理念之中。

1982 年 1 月在加州大学欧文分校举行的美国环境史学会第一次正式会议上，唐纳德·沃斯特发表了题为“无国界的世界：环境史的国际化”的宴会演讲。[6] 在其中，他呼吁“超越国界的联合”，这可能考虑到了现代文化从“民间”到专业、从地方到全球的几次转变给史学家带来的困境。

在这次演讲之后的多年内，环境史学家将沃斯特的

* 澳大拉西亚（Australasia），一个不太明确的地理名词，一般指澳大利亚、新西兰及附近太平洋岛屿，有时也泛指大洋洲和太平洋岛屿。

那些话谨记在心。甚至在沃斯特发表演讲之时，他们中的很多人就已朝着国际化的方向发展了；同时，这一分支学科也一直以美国主题为著述的中心，这是它从一开始就具有的特征。1982 年会议议程手册中收录了 26 篇文章，其中有 10 篇涉及世界范围或者非美国的题目，有 4 篇不是美国学者写的。[7]1984 年《环境评论》有一期国际专号，其中有 5 篇文章集中体现了五大洲的研究状况。[8]经常开辟版面发表超国家的环境史文章的其他期刊有《环境与历史》(*Environment and History*)、《资本主义、自然、社会主义》(*Capitalism, Nature, Socialism*)、《生态政治》(*Écologie Politique*)、《世界史杂志》(*Journal of World History*)、《太平洋历史评论》(*Pacific Historical Review*) 和《全球环境》(*Global Environment*)。这一专业已传播到世界上大部分地区。当年沃斯特在谈论已组织起环境史学家的其他国家时，只提到了法国和英国。现在若有人再谈同一主题，可能需要讨论欧洲环境史学会（The European Society for Environmental History）包含的很多国家，拉丁美洲日益壮大的环境史学家群体，南亚、东亚、南非、澳大利亚、新西兰以及更多的地方。

54

加拿大

加拿大环境史学界需要有不同于其南面邻居美国的思路。诚然，在这两个北美国家，环境史学家之间有着大量的交流；他们出席对方的会议，而且，在本书写作时，美国环境史学会已在加拿大开过两次会议，分别在维多利亚和多伦多举行。但加拿大学者对许多环境主题有不同的看法，尤其是因为它们与大英帝国和英联邦的历史联系，以及讲法语的魁北克区的存在。英国人彼得·科茨讨论了加拿大和美国之间的区别，[9] 不列颠哥伦比亚大学的格雷姆·温和马修·埃文登发表了加拿大环境史学专题分析报告。[10] 温应邀为《不列颠哥伦比亚省研究》编辑了一期“论环境”专号，还写了一部题为《加拿大和北美北极区环境史》的著作。[11] 艾兰·麦凯克恩和威廉·特克尔编辑的《加拿大环境史研究的方法和意义》值得推荐。[12] 劳拉·塞夫顿·麦克道尔的一份调查研究即《加拿大环境史》于 2012 年问世。[13]

到 2007 年，一群学者以“加拿大历史与环境网络”/“加拿大环境史新倡议”（Network in Canadian History and Environment/Nouvelle initiative canadienne en histoire de l’environnement，NiCHE）

的名义聚集在一起。它是一个很活跃的组织，有一个很棒的网站（niche-canada.org），每月赞助一个加拿大环境史研究播客。

美洲印第安人——指加拿大原住民（First Nations in Canada）——的环境史，以及与欧洲人的接触和殖民主义包括流行病的影响，在西奥多·宾内玛、道格拉斯·哈里斯、阿瑟·雷、乔迪·德克尔、玛丽—埃伦·凯尔姆、汉斯·卡尔森以及其他人的著作中得到了反映。[14]

55

另一重大主题是伴随资源开发与环境变迁而来的移民问题，这包括尼尔·福尔克、马修·哈特凡尼和克林特·埃文斯所作的区域研究，[15]以及理查德·拉加拉、简·马诺尔和马修·埃文登对发展与社会冲突之间关系所作的分析。[16]

与美国相类似，荒野和野生动物在加拿大环境史著述中也是主要的论题，这可由蒂纳·卢和约翰·桑德罗斯的研究加以证明；同时库克帕特里克·多尔西也对两国间针对野生动物的条约作过研究。[17]苏珊娜·泽勒和斯蒂芬·博金考察的是关于环境的科学史，特别是生态学史，而斯蒂芬妮·卡斯顿瓜伊撰写了一部重要的实用昆虫学史。[18]最后提到的那部著作是用法语写的，因而具有重要意义。魁北克的法语环境史学家已就这一主题召开过会议，法语文献也越来越多，其中包括人们可能会提到的米歇尔·达格奈斯关于蒙特利尔市郊的娱乐和乡村生活的文章。[19]

加拿大的城市环境史曾是几项研究的主题。斯蒂芬·博金在2005年应邀为《城市史评论》编了一组题为《城市性质》的专题文章，讨论了各种问题及研究方法。[20] 肯·克鲁克香克和南希·鲍彻对工业危害，如码头区凸显的环境不公作过考察。[21] 斯蒂芬·卡斯顿圭和米歇尔·达格奈斯主编了一部蒙特利尔环境史文集。[22]

将性别与自然作为相互关联的问题而进行社会建构，已由卡特里奥娜·莫蒂默一桑迪兰兹和蒂纳·卢作了探讨；后者考察过大型猎物狩猎中的性别问题。[23] 像狩猎这种特定的任务，通常被指派给一个性别，而最近的研究推翻了这种观点。

当然，加拿大的研究工作并非局限于书写加拿大的历史。举例来说，理查德·查尔斯·霍夫曼即是研究欧洲中世纪环境史的世界一流学者之一。[24]

56

欧洲

简要考察北美之外主要地区的环境史著述，最好从欧洲开始。虽然欧洲作者甚至比北美同行更早地探讨了这一主题，但是在这里，一个有组织的环境史学者群体的形成却比较晚。《环境与历史》杂志于1995年在英国开始发行，理查德·格罗夫担任主编。尽管是一份欧洲的杂志，但它并不局限于欧洲主题研究；实际上，第一期就有研究中国、非洲和东南亚的文章。欧洲环境史学会成立于1999年，2001年在苏格兰的圣安德鲁斯（St. Andrews, Scotland）举行了第一次会议。从那时起，它每两年举行一次会议。欧洲环境史学会有地区分部，可为包括俄罗斯在内的欧洲大陆所有地区的环境史学家提供联系之便。荷兰斯蒂沃特的恩斯特—埃伯哈德·曼斯基着手建立了一个多语种的欧洲环境史书目资料库，这一努力在欧洲环境史学会的支持下仍在继续。

在韦雷娜·维尼沃特编辑的《1994年到2004年的欧洲环境史研究》中，[25]可以看到对欧洲环境史研究成果的介绍；其中有12位作者的个案研究，突出了大多数重要国家的成果。更早的一篇文章（2000年）是马克·乔克、比约恩—奥拉·林奈和马特·奥斯本写的，集中讨论了北欧的环境史著述。[26]迈克尔·贝斯、马克·乔克和詹姆斯·希沃特合写的姊妹篇覆盖了南欧。[27]

欧洲环境史研究的范围之广，在《应对多样性》和《历史与可持续性》中可以感受得到；前者是2003年于捷克布拉格召开的第二届欧洲环境史学会的议程手册，后者是2005年在意大利佛罗伦萨召开的第三届欧洲环境史学会的议程手册，它们共收录了140多份论文提要，大部分出自欧洲作者之手。[28]人们从这些集子中得到的印象是，欧洲环境史学家在更大程度上比北美同行倾向于使用科学的方法。欧洲环境史方面一部更早的论文集是《沉默的倒计数》，由彼得·布林布尔库姆（英国）和克里斯蒂安·普菲斯特（瑞士）主编。[29]芬兰主编蒂莫·米林陶斯和米科·塞库出版了一部文集，标题为《在大自然中遇见历史》。[30]

57

对于英国环境史著述概览，可以在马特·奥斯本的《英国环境史笔耕录》一文中看到。[31]英国在有关人类活动致使景观变化的描述方面有着优良传统，而且那里的历史地理学家所做的研究很合乎环境史的定义，当然其中一些著作，如W. G. 霍斯金斯的《英格兰景观的形成》，是在环境史成为公认的专业之前写就的。[32]H. C. 达比的一部很有影响的著作，即《英格兰历史地理新论》，写于1973年。[33]地理学家I. G. 西蒙斯也是一位非常活跃的环境史学家，在英国环境史、[34]世界环境史和环境史理论等方面均有撰述。近代早期英国的环境态度和环境哲学由基思·托马斯作了分析，而这一时期远未得到应有的研究。[35]新近的另一项研究是约翰·希埃尔的《20世纪英国环境史》。[36]景观史在奥利弗·拉克姆的作品中栩栩如生；他在许多插图精美的著作中描述了英国乡村的历史，并对生态科学原则予以悉心关注。[37]B. W. 克拉普的《工业革命以来的英国环境史》[38]和彼得·布林布尔库姆的引人入胜的研究《大烟雾》，[39]追溯了迅速发展的工业造成的污染以及消除污染的努力。在布林布尔库姆关注空气污染的同时，戴尔·波特在《泰晤士河河堤》中探讨了水体污染、污水、恶臭以及伦敦河道沟渠化问题。[40]

苏格兰为环境史学家提供了特别肥沃的土壤。其中，杰出的历史学家 T. C. 斯莫特撰写并编辑了几部关于英国北部地区的著作，著名的有《自然之争》和《苏格兰的人与森林》。[41]菲奥娜·沃森根据她对环境史的洞悉阐释并撰写了苏格兰历史研究著作，包括《苏格兰：从史前到现代》。[42]斯莫特、沃森和艾伦·麦克唐纳合著了《1520—1920年苏格兰本土林地史》。[43]斯莫特和梅丽·斯图尔特在《福斯湾》中则给大家展示了苏格兰部分地区的环境史。[44]斯莫特是苏格兰圣安德鲁斯大学环境史研究所（The Institute for Environmental History at St. Andrews University）的一位极其重要的创始人。

58

"爱尔兰环境史网络"（The Irish Environmental

History Network，IEHN）于2009年在都柏林的三一学院创办，已为不同学科的成员举行过会议。波尔·霍尔姆也在三一学院创办了“新人类状况观测站”（Observatory on the New Human Condition）。[45]

法国有环境史研究传统，这个国家孕育了皮埃尔·普瓦夫尔，之后有吕西安·费夫尔、费尔南·布罗代尔、埃马纽埃尔·勒华·拉迪里以及其他的年鉴学派大家。1993年，著名的《年鉴》杂志本身也出过“环境与历史”专号。[46]法国的科学史家在生态史方面做出了成绩，其中著名的学者有帕斯卡尔·埃克特和J. M. 德劳因。[47]埃克特也广泛涉猎了气候史和环境哲学领域。诺埃尔·普拉克出版了《公地、葡萄酒和法国大革命》。[48]2015年，欧洲环境史学会在凡尔赛举办了会议。

弗朗索瓦·迪奥邦尼在1974年的著作《女性主义或死亡》中提出“生态女性主义”（ecofeminism）一词，引起了世界性的反响。[49]关于国家历史和公共历史，有约瑟夫·萨扎卡和艾米莉·雷纳德所作的研究。[50]法国的森林史文献很丰富，这将是林业研究业已起步的这一国家所期望的；人们可能还会提到安德里·科沃尔和路易斯·巴德里两位作者。[51]在现代法国环境研究方面有尼博伊特—吉尔霍特和L. 戴维的《法国人及其环境》[52]

以及迈克尔·贝斯的《浅绿社会》。[53]克里斯托弗·伯恩哈特、吉内维夫·马萨特—吉尔伯德和其他人一起组织了城市环境史会议，出版了会议论文集。[54]

欧洲的德语区包括德国、奥地利和瑞士，在过去几十年间，所有这些地区的环境史都得到了长足的发展。韦雷娜·维尼沃特（维也纳）撰写了《环境史导论》，[55]是很好的德语著作，这本书打算出英文版。她还致力于在奥地利的阿尔盆—亚德里亚大学（The Alpen-Adria University）组建环境史研究中心（The Centre for Environmental History，ZUG）。克里斯蒂安·普菲斯特（伯尔尼）在重构西欧过去的气候方面不断取得进展。[56]当代一位著名的作者是乔基姆·拉德卡，他的主要著作有《自然与权力》和《生态学的时代》。[57]他还广泛涉猎技术、经济和政治领域，与弗兰克·尤科特一起，就纳粹统治时期环保主义的作用问题有过撰述。[58]有几个作者，包括安娜·布拉姆维尔，[59]将资源保护与法西斯主义联系在一起。虽然纳粹政权曾使用宣传手段将自然与民族主义联系起来，但正如马克·乔克指出的，“其实……纳粹所致力的是高速而危险的经济复苏和军事扩张，而不是自然保护。而且，纳粹12年的恐怖统治（1933—1945年）留下的是令人窒息的空气污染和水污染遗产。”[60]乔克写过一部关于莱茵河环境史的重要著作。[61] 就战后环保主义而言，有雷蒙德·多米尼克写的《德国环保运动》，[62] 以及关于绿党（Die Grünen）的几项研究，包括马尔库斯·克莱恩和尤尔根·法特尔的《绿党的漫长征程》。[63] 绿色运动在几个西欧国家都对政治产生了影响，它在德国的影响达到顶峰。

2009 年，路德维希·马克西米利安大学（The Ludwig-Maximimilans-Universität）和德意志博物馆（The Deutsches Museum）联合创办了雷切尔·卡森环境与社会研究中心（The Rachel Carson Center for Environment and Society），一家致力于环境人文学和社会科学研究与教育的国际中心，并且特别强调环境史研究。该中心以一位伟大的美国环保主义者的名字命名，其工作人员和研究员来自世界各地，中心的工作语言是英语。它的著名出版项目有英语系列丛书《历史中的环境》（*The Environment in History*），另一个是德语系列丛书《环境与社会》（*Umwelt und Gesellschaft*）；还有纸质版期刊《全球环境》（*Global Environment*）和线上期刊《雷切尔·卡森视角》（*Rachel Carson Perspectives*）。2013 年，欧洲环境史学会在此举办了一场别开生面的会议。

荷兰和比利时的环境史学家已出版了几部重要著作，包括 G. P. 范德文的文集《人造低地》，[64] 涉及土

60

地开垦的历史；还有亨利·范德温特写的一部资源保护运动史。[65]《生态史年鉴》是用荷兰语出版的。[66]考虑到低地的位置以及历史上对水管理的关注——正如“荷兰对抗大海”一语所表达的，许多记述这一地区的环境史学家关注水的历史就不足为奇。其中，佩特拉·范达姆书写过近代早期的莱茵兰。[67]此外，关于此地更早时期的研究，有威廉·特布雷克的《中世纪的边疆：莱茵兰的文化与生态》。[68]皮埃特·尼恩赫斯写了一部关于莱茵河—马斯河三角洲的区域环境史研究著作。[69]在克里斯托夫·范布鲁根、埃里克·图恩和伊莎贝尔·帕芒蒂埃合写的一篇文章中，可以发现了解比利时环境史的关键所在。[70]在更广阔的地理范围内，安德鲁·詹米森、罗恩·埃尔曼与杰奎琳·克莱默编撰了一部瑞典、丹麦和荷兰环保运动比较研究的著作。[71]

在联合国教科文组织的支持下，波罗的海项目组（The Baltic Sea Project）和马尔默大学（Malmö University）编写了一部波罗的海区域和环境历史教育的有用之书，即《从波罗的海国家的环境历史中学习》。[72]

在环境史研究方面，北欧（芬兰、瑞典和丹麦）呈现出一派活跃的景象。芬兰的环境史是蒂莫·米林陶斯的《用绿墨书写过去》的主题，这篇文章是用英文写的。[73]芬兰语中“环境史”一词是*ympäristöhistoria*，产生于20世纪70年代，但米林陶斯却将其起源追溯到更早的国家景观研究及“本能的环境意识”。这里的环境研究以气候、森林、水资源和景观为中心。1992年在英格兰湖区的拉米（Lammi, the Lake District）、2005年在芬兰的图尔库（Turku）举办了重要的环境史会议，有广泛的国际参与。亚乔·海拉和理查德·莱温斯在生态学、科学和社会方面有所撰述。[74]约西·拉莫林出过几部有关森林、采矿史、技术以及融入欧洲经济的历史进程的著作。[75]西莫·拉克奈做过赫尔辛基和斯德哥尔摩水保护研究，以及战争和自然资源研究，[76]并参与了合作编写波罗的海治理卷的工作。[77]

61

爱沙尼亚环境史研究中心（The Estonian Centre for Environmental History, KAJAK）与塔林大学历史研究所（Tallinn University's Institute of History）有联系。2012年，乌尔里克·普拉斯撰文讲述了该研究中心以及爱沙尼亚环境史研究的缘起和发展，一定程度上也涉及了其他波罗的海国家的情况。[78]

在环境史研究领域，瑞典有一个颇具活力的学术共同体，并有几个中心，分别是于默奥大学的环境史系（The Department of Environmental History at Umea University）、乌普萨拉大学的环境与发展研究中心（The Center for Environment and Development Studies at Uppsala University）以及隆德大学的人类生态学系（The Human Ecology Division at Lund University）。乌普萨拉大学提供了全球环境史硕士课程。一位著名学者是斯维尔克·索林，他与安德斯·桑德伯格合编了一本集子，名为《可持续性：一种挑战》，[79] 还与安德斯·奥克曼合著了一部全球环境史。[80] 索基尔德·卡尔加德写的《1500—1800年的丹麦革命：一种生态史的解读》，是研究近代早期的一部著作。[81]

环境史本身于20世纪80年代后期在捷克斯洛伐克出现，已取得长足的进步，这是位于布拉格的查尔斯大学（Charles University）历史地理学家利奥斯·杰勒塞克（Leos Jelecek）推动的结果。2003年，欧洲环境史学会的第二次会议在布拉格召开，那次会议的议程手册中收录了捷克和斯洛伐克作者写的许多引人入胜的文章。[82] 捷克的工作包括土地利用与土地覆盖变化的长时段研究，以及历史气候学等方面的研究。捷克地理学会（The Czech Geographical Society）有"历史地理和环境史"分部，还发行了一份网络杂志《克劳迪亚》（*Klaudyan*）。

在匈牙利，环境史的兴起是以历史地理学为背景的，匈牙利的大学现在已开设相关课程。有两部名著，是拉乔斯·拉奇的《16世纪以来匈牙利的气候史》和

《从大草原到欧洲：一部匈牙利环境史》。[83]有一系列重要文章收录在《历史视角下的人与自然》这册书中，是乔斯泽夫·拉兹洛夫斯基和彼得·绍伯主编的。[84]2013年，安德里亚·卡伊斯在《环境与历史》杂志上发表文章，就匈牙利环境史研究现状作了翔实的说明。[85]

克罗地亚环境史研究的第一个正式事件，是2000年在扎达尔大学（Zadar University）举行的国际研讨会，这是一个名为“三重限制”（Triplex Confinium）的项目的一部分。[86]其他项目和研讨会接踵而至，其中一些是为学院和历史老师举办的。也开始为研究生开设相关课程，比如萨格勒布大学（Zagreb University）历史系的赫沃耶·佩特里奇领衔的“环境史”课程。克罗地亚经济史和环境史学会（The Croatian Economic History and Environmental History Society）于2005年成立，创办了《经济与生态史》（*Economic- and Ecohistory*）杂志，还继续资助会议。一些环境史经典著作已陆续译成克罗地亚文本，包括我这本书的第一版，由波纳·弗斯特比耶利斯主编，有一篇后记“什么是克罗地亚的环境史?”，并附上了一份涵盖1990—2011年的很长的参考书目。[87]赫沃耶·佩特里奇对克罗地亚环境史著述的精彩描述，发表于2012年的《环境与历史》杂志。[88]

俄罗斯的环境史是俄罗斯科学院科技史研究所（The Institute for the History of Science and Technology of the Russian Academy of Sciences）的几位学者关注的对象，他们是尤里·柴可夫斯基（Yuri Chaikovsky）、安东·斯特鲁齐可夫（Anton Struchkov）和加里娜·克里沃谢娜（Galina Krovosheina）。道格拉斯·维纳是研究俄罗斯和苏联的一流美国学者，创作了几部关于俄罗斯环保主义的著作，著名的有《自然的模式》，[89] 分析苏联时代早期的资源保护情况；还有《自由的小天地》，阐明了苏联的环保组织为科学家和批评者提供的保护。[90]《世界环境史百科全书》收录了维纳的文章“俄罗斯与苏联”，该文有一份参考书目。[91] 有一部涵盖了19世纪到21世纪初俄罗斯和苏联环境历史的著作，其中还包括了非俄罗斯民族，这就是《一部俄罗斯环境史》，由保罗·约瑟夫森等人撰写。[92]

地中海地区

地中海地区是一个独特的生态区域，中心环海是它的一致特征。地中海北部国家是欧洲的一部分，本可依此在上一节加以考虑。在约翰·麦克尼尔的《地中海世

63

界的山》[93]中，作为一个整体的地中海的环境史得到了充分的探讨，它涉及5个有代表性的地区及其民族。J.唐纳德·休斯出版了《地中海地区：一部环境史》，[94]其年代从第一批人类居民的出现一直延续到今天，书中涉及了两河流域、罗马帝国和尼罗河阿斯旺水坝的个案研究。艾尔弗雷德·格罗夫和奥利弗·拉克姆的《地中海欧洲的自然》一书图文并茂，[95]考察的是环境变迁而不是历史。然而它试图证明，从青铜时代末期到20世纪中叶，人类对当地的环境并没有造成任何负面的影响；就森林滥伐、土壤侵蚀及沙漠化等方面来说尤其如此。这一看法颇为狭隘，该书因此大为减色。佩里格林·霍登与尼古拉斯·珀塞尔合著《堕落之海》，[96]对地中海观念作了有趣的反思，是哲学研究也是史学研究的典范。卡尔·巴泽尔在《考古科学杂志》上发表文章，对地中海的环境历史做出了明智的思考。[97]J.唐纳德·休斯在《潘神之苦》[98]中对古代地中海世界进行了探讨；20年后该书第二版标题改为《古代希腊人和罗马人的环境问题：古代地中海地区的生态》。[99]

20世纪90年代初西班牙环境史研究兴起，与日益增长的环境忧虑、历史学家对农业问题的兴趣以及自然科学和社会科学方法与他们工作的相关性有关。在这些学者组成的小圈子中，有曼纽尔·冈萨雷斯·德·莫里纳和马丁内斯—阿列尔，他们合编了一部文集，名为《转变了的自然：西班牙的环境史研究》。[100] 2010年，阿列尔在塞维利亚领导成立了农业生态系统历史实验室（The Agro-Ecosystems History Laboratory）。西班牙环境史学家特别关注的，是与沙漠化等环境制约有关的农业的状况。譬如，有一篇由胡安·加西亚·拉特里、安德烈斯·桑切斯·皮科恩和吉泽斯·加西亚·拉特里合写的文章，题为“人造沙漠”。[101] 2009年，安东尼奥·奥尔特加·桑托斯在《全球环境》上发表一篇文章，分析了西班牙环境史及其与全球“南部不发达国家”（the global “South”），尤其是印度和拉丁美洲存在的思想的关系。[102]

64

葡萄牙有几所大学对环境史感兴趣，特别是科英布拉、波尔图和米尼奥等大学。位于葡萄牙马德拉岛的大西洋历史研究中心（The Center for Studies of the History of the Atlantic on the Portuguese island of Madeira，CEHA）对环境史工作的重视是显而易见的。该中心的阿尔贝托·维埃拉于1999年组织了一次国际会议，出了一本书，即《历史与环境：欧洲扩张的影响》。[103] 第一届“环境史与全球气候变化”国际研讨会由安吉拉·门多萨组织，2010年在布拉加（Braga）召开；翌年第二届会议在巴西的弗洛里亚诺波利斯（Florianopolis）举行。伊内斯·阿莫里姆和斯特凡尼娅·巴尔卡曾在《环境与历史》上发表文章，记录葡萄牙的环境史，让人大长见识。[104]不过，迄今为止，重要的环境史事件则是2014年在吉马良斯的米尼奥大学举行的世界环境史大会（The World Congress of Environmental History），来自世界各地的学者和葡萄牙同行相聚，在思想上相互激励。

意大利是第一个拥有活跃的环境史学家群体的地中海国家，大部分学者是从密切相关的领域切入的。毛罗·阿尼奥莱蒂（Mauro Agnoletti）曾经是而且继续是一流的森林史学家。他于2005年在佛罗伦萨组织召开了第三届欧洲环境史学会会议，还创办了《全球环境》杂志。皮耶罗·贝维拉夸亚有农业史背景，他关注的是疯牛病（BSE）之类的食品供应危机，著有《机智的牛》。[105]他的《自然与历史之间》[106]指出了农业史和环境史的一步之差。马尔科·阿尔米耶罗和马尔库斯·霍尔合编了《现代意大利的自然与历史》，[107]这部著作对意大利的景色也作了很好的介绍。

希腊的环境史共同体正处于形成过程之中。2006年，在雅典曾举办过一次名为“希腊环境：历史的维度”的会议。那次会议是由克洛伊·韦拉索波罗组织的；她在2005年于佛罗伦萨召开的欧洲环境史学会会议上提交了一篇关于汽车污染的文章。[108] 她和乔治亚·利亚拉库主编了一卷关于希腊环境史的论文集。[109] 雅典大学（The University of Athens）还开设了许多环境史课程。在2003年于布拉格召开的欧洲环境史学会的会议上，亚历克西斯·弗朗吉亚蒂斯提交了关于希腊国有地产（The Greek National Estates）历史的文章——它们实际上是对农民开放的公地；亚历山德拉·耶罗林普斯提交了关于地中海城市消防问题的文章。[110] 瓦索·塞里尼杜写了一篇文章，对环境史作了重要的介绍。[111]

中东和北非

直到最近，北非和西亚的环境史研究还很薄弱，参考书目中也缺少相关条目。其原因如何，萨姆·怀特在2011年发表的一篇题为《中东环境史》的文章中作了解释。[112] 艾伦·米哈伊尔主编的文选《沙地之水》则向环境史研究迈出了更积极的一步。[113] 戴安娜·戴维斯对法国殖民者如何利用环境历史神话证明其在北非扩张的合理性做出了引人入胜的研究。[114]

该地区近代早期史（1453—1918年）由奥斯曼帝

国主导，对奥斯曼的环境史研究已在蓬勃发展。2011 年有两个范例，即萨姆·怀特关于气候与叛乱的著作，[115] 以及艾伦·米哈伊尔的获奖作品《奥斯曼治下埃及的自然与帝国》。[116]

阿隆·塔尔虽然是律师而非历史学家，但他的《应许之地的污染》的副标题却显示，这绝对是一部以色列环境史著作。[117] 它全面探讨了各种环境问题，避免一边倒的赞扬或悲观看法。丹尼尔·奥伦斯坦、阿隆·塔尔和查尔·米勒合编了一部重要著作《毁灭和重建之间》，时间聚焦于过去的 150 年。[118]

印度、南亚和东南亚

印度是头等重要的“非西方”学术文化基地，环境史在那里找到了适宜的归宿和独立的学术动力。那里的环境史与科学史联系在一起。英国统治时期受到人们的关注，有大量的资源支撑，在森林和水的利用方面尤其如此。印度独立后的发展具有越来越重要的地位。印度环境史学家的数量、质量及其学术生产力令人印象深刻。

66

其中第一个赢得众多读者的是拉马昌德拉·古哈，他

在印度南部卡纳塔克邦（Karnataka）的乌塔拉卡纳达（Uttara Kannada）的卡里坎（Karikan）圣林（“黑暗森林”）中，一座小庙宇环绕着一汪泉水。在印度和其他地方，留出自然区域供祭祀的习俗很普遍。作者摄于 1994 年

在 1989 年出版了一部关于奇普科·安多兰（抱树运动）（the Chipko Andolan, Tree-Hugging Movement）的著作。[119] 在耶鲁大学期间，他结识了一些美国著名的环境史学家。他批判美国的生物中心思想和对荒野保护的重视，指出南亚的自然区域是当地人的家园和重要资源所在，因此环境保护必须考虑人类的需要和社会正义。

67

1992年，他和马达夫·加吉尔合著了《这片开裂的土地》，是一部印度生态史著作。[120] 其论点分析了社会关系和环境条件之间的相互作用，具有世界性的方法论意义。他们认为，在随后的20年，美国环境历史思想朝着以人类为中心的方向发展。[121]

加吉尔参加了评估印度森林政策和考量西高止山脉发展的委员会。生态学家苏巴什·钱德兰研究了因受到村民保护而在今天幸存下来的圣林。[122] 钱德兰的作品中有些是和加吉尔一起写的，带有历史的维度；它们揭示了传统社区保护区在保护生物多样性和独特生态系统

一个婆罗门教徒在位于印度贝拿勒斯的恒河岸边祈祷。对自然万物的崇敬是历史上人与自然关系的一个显著特征。作者摄于1992年

方面的重要性，以及印度教习俗的变化对环境保护的影响。印度国家地理学会（The National Geographical Society of India）的拉纳·辛格是历史地理学家，专门研究景观和神圣地形，特别是贝拿勒斯地区，一个重要的朝圣中心。[123]

68

戴维·阿诺德与拉马昌德拉·古哈编辑系列文章，出版了《自然、文化与帝国主义》。[124]新德里国立科技与发展研究所科学史部（The History of Science division of the National Institute of Science, Technology, and Development Studies）资助出版并举办会议，这是由杰出的科学史家迪帕克·库马尔（Deepak Kumar）与萨特帕尔·桑万（Satpal Sangwan）促成的。理查德·格罗夫、维尼塔·达莫达兰和萨特帕尔·桑万编辑出版了一部论文集，名为《自然与东方》。[125]位于奈尼塔尔的库马恩大学（Kumaun University）的阿杰伊·罗瓦特记载了喜马拉雅山的森林滥伐及其对当地人，尤其是妇女和部落民的影响，他还编辑了林业史方面的颇有价值的文集。[126]拉维·拉詹撰写了一部关于大英帝国时期林业的著作。[127]拉科斯曼·萨提耶的一部著作，即《生态、殖民主义与牛》的主题是19世纪印度中部牧业、林业、殖民者和当地人之间的互动。[128]马赫什·兰加拉詹作为作者和编辑有令人印象深刻的表现，他强调野生动物保护的政治与历史、森林权利以及环境史。他联合其他学者主编了《环境史：仿佛自然存在》这部著作，对后现代主义认为自然不过是一种社会建构的观点作了含蓄的反驳。[129] 他最近主编的《印度环境史》是一部综合性文集。[130]

2006年南亚环境史学家协会（The Association of South Asian Environmental Historians）成立，为该学科的组织化以及给研究南亚的学者，包括该地区以外的学者之间的交流提供条件迈出了重要的一步。它的执行主席是兰詹·查克拉巴蒂（Ranjan Chakrabarti），他在加尔各答的贾达珀大学（Jadavpur University）制定了环境史研究计划，他还是西孟加拉邦维迪亚萨格大学（Vidyasagar University）的校长。他个人著述丰硕，其中有《环境史重要吗？》[131] 和《对环境史的定位》，[132] 对这一学科的理论和方法进行了反思。他在导言中对前一个题目涉及的问题进行了回答："环境史将继续蓬勃发展，因为一种全新的社会史和文化史种子已深深植根于斯……所以环境史重要。"[133] 克里斯托弗·希尔的《南亚》是整个地区环境史的指南。[134] 有一部关于19世纪斯里兰卡环境史的作品，是詹姆斯·韦伯的《热带开拓者》。[135]

《印度尼西亚环境史通信》在荷兰莱顿（Leiden）出

在印度尼西亚巴厘岛的吉姆巴兰（Jimbaran），由身着戏装的舞者扮演的巴龙（Barong）是一种凶猛而友好的灵兽，代表着环境中的有利因素。作者摄于 1994 年

69

版，是戴维·亨利为“马来群岛的生态、人口和经济”（Ecology, Demography and Economy in Nusantara, EDEN）这一国际学者组织主编的，出版了将近 10 年，很遗憾在 2003 年停止了发行。彼得·鲍姆加特是这个组织的主席，他撰写了《东南亚：一部环境史》。[136] 他还是《恐惧的边疆：马来世界的老虎与人》的作者，[137] 并与弗里克·科隆宾和戴维·亨利一起，主编了《纸上景观：印度尼西亚环境史探索》。[138]

东亚

中国学者在1990年至2010年间转向环境史，该领域发展迅速。最初，由于其他地方的历史学家几乎看不到他们的作品，并且在对外开放政策允许将域外的重要环境史文献译成中文前交流有限，因此他们受到了束缚。现在，有几所大学有专门研究环境史的教师和项目，期刊也开始刊登这方面的文章。环境史和世界史在协作发展，北京的首都师范大学就是这么做的。

70

2004年，北京大学的包茂红发表一篇文章，[139]大量论及中国学者的中文著作，对中国的环境史著述作了很好的介绍。在包茂红提到的研究主题中，有环境保护、水治理、城市环境史、气候、人口、灾荒和森林史。该学科领域最初的几篇文章是包茂红写的，他不仅介绍了其他国家环境史研究的历史、理论和方法，而且对环境史作了自己的阐释，还提出了中国环境史学派构想。他相信“环境史研究具有广阔的发展前景并且也能发展得好，因为它既满足了社会发展的需要，又与国际学术发展的主流接轨”。[140]王利华组织了“中国历史上的环境与社会”国际学术讨论会，于2005年在天津的南开大学召开。中国社会科学院世界史研究所的高国荣主编了一卷有关环境史的《史学研究》。*[141]

在中国之外的学者所做的重要研究中，人们可以放心地参阅伊懋可的《大象的退却：一部中国环境史》。[142] 他和刘翠溶还主编了一部很好的论文集，即《积渐所至》。[143] 而1949年后一段时期的环境过失，在夏竹丽的《战天斗地》中得到了阐述。[144] 在关于更早时期的研究中，马立博的《虎、米、丝、泥：帝制晚期华南的环境与经济》是研究中华帝国政府处理中国南部粮食危机的典范，[145] 而段义孚的《神州》这一简明概论著作仍然很有价值。[146] 莱斯特·比尔斯基的《中国古代的生态危机与应对》对秦朝及其他较早的朝代作了考察。[147] 克里斯·科格金的《老虎与穿山甲》涉及自然保护。[148] 有一部出色的英文版中国环境史概览，是马立博的《中国环境史：从史前到现代》。[149]

71

穆盛博的著作《中国的战争生态学》[150] 探讨了二战期间在受灾地区战争与环境的相互影响。为了阻止日本军队的进攻，国民党军队在黄河上决堤，形成了势不可挡的洪水。后来，饥荒造成数百万人死亡和流离失所。这部著作从军队、社会和环境之间能量流动的角

* 此处原文有误。高国荣的著作是《美国环境史学研究》，由中国社会科学出版社于2014年出版。

度，对战争生态学作了概念化思考。

梅雪芹曾在北京师范大学历史学院为本科生和研究生开设生机勃勃的环境史课程，[151] 她现在执教于清华大学。她的学生在中国的多所大学从事教学和研究工作。她那篇有思想的文章《从环境的历史到环境史》[152] 探讨了环境史学的性质，认为它不是研究自然环境本身的历史，也不是在社会史研究范围内考察自然环境，而是对人与自然环境相互作用的历史研究。正如她所说的："环境史研究可以成为人们理解环境问题的一条路径，解构有关环境问题之不当论调的一种方法，以及增强环境意识的一个渠道。"[153] 作为推论，她认为"人与自然和谐的实现必须从人与人之间社会关系的改善开启"；[154] 人类与自然的和解取决于人类本身的和解。

夏明方于2012年创建了中国人民大学生态史研究中心，并担任该中心主任。美国著名环境史学家唐纳德·沃斯特目前在这里供职，是海外高层次文教专家（Distinguished Foreign Expert）。侯深是该中心副主任；她毕业于堪萨斯大学，以环境史为主题撰述了博士学位论文。[155] 中国各省的其他院校也开设了环境史课程，因此在生态独特的地区开展项目研究是可行的。

72 东亚环境史学家协会（The Association of Environmental

Historians of East Asia）* 举办了一系列会议，有研究中国的非中国史学家参加；第一次会议于 2011 年在台北的“中央研究院”举行，第二次于 2013 年在花莲的“东华大学”举行，两次会议均由能干的协会主席刘翠溶主持。

康拉德·托特曼的《从环境视角看前工业时代的韩国与日本》包括韩国。[156] 莉萨·布雷迪在“非军事区的生活”中描述了一个军事区无意间变成野生动物庇护所的矛盾之处。[157] 作为 2011 年宁越延世大学论坛（Yeongwol Yonsei Forum）的一部分，李玄秀（Hyunsook Lee）组织了“跨越全球的环境史研究”的分场会议，有韩国、日本、中国、德国和美国的学者参加，许多论文涉及医学史。罗伯特·温斯坦利—切斯特斯有一部以朝鲜环境史学为主题的著作。[158]

日本具有悠久的历史撰述传统。在日本之外的作者中，康拉德·托特曼撰述了一部重要著作，即《日本：一部环境史》。[159] 他在《日本史》一书中也采用了环境史的研究方法，该书开篇写道：“从生态学角度看，日本历史特别有意思”，而他的《绿色群岛》一书以大量的日文资料为基础，是一部一流的森林史。[160] 菲利普·布

* 此处对该协会的表述欠准确，应为“东亚环境史协会”（Association for East Asia Environmental History）。

朗撰述了《公地的耕种》，研究了土地所有权模式的影响。[161]《自然边缘的日本》是一部有用的文集。[162] 布雷特·沃尔克的《对阿伊努岛的征服》也值得关注。[163]

村山聡（Satoshi Murayama）目前是东亚环境史协会的主席，* 他与原宗子（Motoko Hara）一起主持2015年10月在日本高松市香川大学（Kagawa University）举办的协会第三次会议。

澳大利亚、新西兰和太平洋岛屿

利比·罗宾和汤姆·格里菲斯合写的《澳大拉西亚的环境史》，是一份介绍澳大利亚和新西兰情况的指南，并附有参考书目。[164] 唐纳德·加登有一部佳作，阐明了澳大利亚、新西兰和太平洋岛屿的环境史。[165] 关于这一主题的更早的探讨，是新西兰人埃里克·波森和澳大利亚人斯蒂芬·多弗斯合写的《环境史与跨学科挑战：截然相反的视角》。[166]《环境与历史》杂志很重视这一地区，出版了两期专号，一期是关于澳大利亚的，由理查德·格罗夫和约翰·达加维尔主编；一期是关于

73

* 村山聡于2014年当选该协会主席，任期为2014—2015年。

新西兰的，由汤姆·布鲁金和埃里克·波森主编。[167]蒂姆·弗兰纳里的《未来的吞噬者》是一部囊括澳大拉西亚的环境史著作，除了澳大利亚和新西兰外，还包括新几内亚和新喀里多尼亚。[168]弗兰纳里追随罗宾和格里菲斯提出的假说，即“澳大利亚原住民和欧洲人都是未来的吞噬者，都是短期和短视地榨取自然的人”。[169]原住民是否通过反复试验与当地生态系统建立了稳定的关系，因此殖民主义是否破坏了这种平衡，这是环境史学家争论的焦点。澳大利亚和新西兰的相似之处在于，各自都体现了英国在一个所处位置与自己恰好相对的地方建立殖民地的努力；这在社会和农业方面是母国的翻版，但它们在景观、当地动植物以及前欧洲居民甚至首批被派往那里的英国臣民等方面都大相径庭，因此它们的环境史通常是被分开探讨的。

任何对澳大利亚环境史感兴趣的人都可以参考斯蒂芬·多弗斯主编的两卷本著作:《澳大利亚环境史》和《环境史与环境政策》。[170]杰弗里·博尔顿是最早在叙述中采用生态学方法的历史学家之一，这体现在《掠夺与掠夺者》——澳大利亚第一部环境史教材之中。[171]他从考察澳大利亚原住民对火的使用开始，接着讲述了殖民者对想象中不会耗竭的树木、土地和猎物的态度，最后以日益增强的城市与乡村活动的影响以及资源保护运动的发展而结尾。要叙述澳大利亚环境史研究的起源，不提埃里克·罗尔斯的工作，那就太粗心大意了。罗尔斯是一个农场主，也是一位造诣极高的作家，他对生态变化过程既有实际的经验，又有深刻的见解，启发了很多历史学家。[172] 同样，人们也很难忽视做出巨大贡献的历史地理学家 J. M. 鲍威尔，其著作包括《现代澳大利亚的历史地理》。[173] 森林史学家约翰·达加维尔有一部可靠的著作问世，即《对澳大利亚森林的塑造》。[174] 他曾是澳大利亚森林史学会（The Australian Forest History Society）主席，该学会举办了关于森林史和环境史的会议，并以"澳大利亚永远变化的森林"为题，主编了会议论文集系列。[175] 森林史的另一杰作是汤姆·格里菲斯的《满眼灰烬的森林》，考察了维多利亚州大桉树林的消亡。[176] 本·戴利在一部著作中对世界上最大的珊瑚礁生态系统大堡礁受到人类影响的历史进行了解释。[177] 埃米莉·奥戈尔曼的《洪水泛滥的国度》是一部关注墨累—达令流域洪水的环境史书籍。[178] 美国作者斯蒂芬·派恩写了一部关于澳大利亚之火的环境史，即《燃烧的灌木丛》，[179] 这是他那套关于全球各地之火的丛书中的一部。有关澳大利亚环保运动史的研究，蒂姆·伯尼哈迪、[180] 利比·罗宾 [181] 以及德鲁·赫顿与利比·康纳斯都已作过撰述。[182] 至于艺术和文学

74

对理解环境史的作用，蒂姆·伯尼哈迪的《殖民之地》作出了示范。[183]

澳大利亚国立大学（The Australian National University）在跨学科环境研究方面很有实力，既有澳大利亚环境史的领军人物也有环境史课程。其环境史研究中心成立于2009年，强调以澳大利亚视角研究国际环境史、科学史和公共史并进行教学。“澳大利亚和新西兰环境史网络”（The Australia and New Zealand Environmental History Network）有一个有用的网站。[184]

新西兰环境史学家是一个多产的群体，他们有理由指出，在澳大拉西亚内部，新西兰诸岛在生态上是独一无二的；在波利尼西亚内部，毛利人的文化环境同样如此。新西兰环境史研究的一个问题是，相对更晚到来的居民，也就是毛利移民和帕基哈（非毛利殖民者），* 各自在多大程度上改变了原始景观。埃里克·波森和汤姆·布鲁金于2002年主编的《新西兰环境史》是一部有代表性的文集，收录了18篇文章。[185]詹姆斯·比里奇有两部重要的新西兰史，即《形成中的民族》与《再造的天堂》，对早期毛利人时期融合了环境历史，但对殖民时期书写得更多的是传统的政治史和社

75

* 帕基哈（the Pakeha），白种人，尤指祖先是欧洲人的新西兰人。

会史。[186] 迈克尔·金在《企鹅新西兰史》* 中更多地涉及了我们的环境史主题。[187] 人类学家海伦·利奇考察了毛利人和帕基哈的园艺史，还更广泛地包括了太平洋岛民。[188] 杰夫·帕克的《恩加乌若拉》，研究沿海低地森林清除的历史轨迹，将毁坏的责任更多地归于帕基哈而非毛利人。[189] 凯瑟琳·奈特的《被蹂躏之美》将北岛南部的自然和毛利人的历史融为一体。[190] 艾尔弗雷德·克罗斯比在《生态帝国主义》[191] 一书中对新西兰所作的个案研究值得注意。[192]“环境历史新西兰”（Envirohistory NZ）是一个资源丰富的网站。

太平洋是地球上最大的区域，但迄今为止，太平洋环境史著述才刚刚开始。对这一区域的界定各不相同：如果将太平洋沿岸国家都算在内，它确实大得很。约翰·麦克尼尔主编的《太平洋世界的环境史》[193] 所收录的文章涉及从加利福尼亚和智利到中国和澳大利亚的太平洋沿岸各地，还有它们之间的岛屿。约翰·达加维尔、凯·狄克逊和诺埃尔·森普尔合编了《变化中的热带森林：对亚洲、澳大拉西亚和大洋洲今日之挑战的历史透视》。[194] 但更严格地说，这一区域可以被界定为大洋洲，即主要包括美拉尼西亚（Melanesia）、密克罗尼

* 作者用企鹅这个黑白相兼的形象代表毛利人和白种人。

西亚（Micronesia）和波利尼西亚的岛屿世界。这免不了也会混淆，因为环境边界有时是用生态、文化和/或地理术语来界定的。譬如，新几内亚属于美拉尼西亚，新西兰属于波利尼西亚，而两者又同属澳大拉西亚。关于大洋洲的环境史，约翰·麦克尼尔的《论老鼠与人》是一篇入门佳作。[195] 有一部体量很大的文集《太平洋岛屿》，对环境史学家大有裨益。[196] 帕特里克·基尔希和特里·亨特主编了《太平洋岛屿的历史生态》，主要是

斐济布雷瓦维提岛（Bourewa, Viti Levu）的考古发掘现场。考古学是能为环境史学家提供有用信息和解释的科学之一。作者摄于2007年

一部人类学论文集，也收录了基尔希的《大洋洲岛屿环境史》一文。[197] 另一作品是保罗·达尔希的，书名《海之人：大洋洲的环境、身份和历史》。[198] 也可参见唐纳德·休斯的《太平洋岛屿上的自然与文化》。[199]

76

夏威夷岛因内在的魅力和一个强有力的大学出版社而吸引了学术研究者。夏威夷环境史著述丰硕，其中有约翰·库利尼的《远海之岛》[200] 以及卡罗尔·麦克伦南的《蔗糖统治》，一部有关蔗糖种植业历史的权威著作。[201] 复活节岛（拉帕努伊）和瑙鲁这两个岛屿在环境史中以警世故事而闻名。前者针对前欧洲时期的历史，是一座森林被居民砍伐殆尽的岛屿；后者针对20世纪的历史，主要因磷酸盐工业而被毁灭、荒废。有很多关于复活节岛的著作问世。贾雷德·戴蒙德的《崩溃：社会如何选择成败兴亡》中也有一章，[202] 但最可取的一部专著，是约翰·弗伦利和保罗·巴恩的《复活节岛之谜》。[203] 至于瑙鲁，有一部研究精湛、可读性强的著作，是卡尔·麦克丹尼尔与约翰·高迪的《待售的天堂》。[204]

77

非洲

南非人简·卡拉瑟斯的《非洲：历史、生态和社会》是一份撒哈拉以南非洲环境史的指南，作者是该领域的主要实践者之一。[205] 她的文章将环境史置于社会史的框架，重视社会中的变化。由于野生动物保护的重要性以及自殖民时期以来公园的建立，非洲的历史学家对涉及资源保护的问题给予了关注。有一部重要的文集，是戴维·安德森和理查德·格罗夫主编的《非洲的资源保护》。[206] 格雷戈里·马多克斯对撒哈拉以南非洲的环境史作了概述；它表明，尽管许多非洲国家相对贫困，但它们还是很好地应对了快速的城市化，并制定了世界级的资源保护和可持续发展计划。[207] 南希·雅各布斯提供了一份极好的资料集。[208] 另一部佳作是牛津大学非洲研究中心的威廉·贝纳特的《南非资源保护的兴起》。[209] 非洲环境史要根据其景观来书写这一观念，是詹姆斯·麦克卡恩的重要著作《绿土、棕土、黑土：1800—1990 年非洲环境史》的主题。麦克卡恩说："这部著作的一个基本主题，是认定非洲的景观是人为的，也就是说，它是人类活动的产物。"[210] 他指出，欧洲殖民者往往将非洲视为天然的伊甸园，认为非洲人的大肆破坏毁灭了它，而今天的环境史学家更有可能谴责殖民者的误解和掠夺。一位帮助倡导这一观念的作者是海尔格·谢克苏斯，他写了《东非历史中的生态控制与经济发展》。[211] 南希·雅各布斯的《环境、权力和不公》通过研究卡拉哈里沙漠（the Kalahari Desert）边缘的一个南非社区的悠久历史来审视这一主题。[212]《土地守护者》一书阐释了对乡村文化和环境进行历史探讨的需要；这部多人主编的一卷著作考察了坦桑尼亚乡村社区变化和创新的原因。在这部著作中，达累斯萨拉姆大学（The University of Dar es Salaam）的非洲史奠基人伊萨里亚·基曼博反思了历史学家解释坦桑尼亚历史时在变革的外部原因和地方主动性之间寻求平衡的努力。[213]麦肯的新书《玉米与恩典：非洲与新大陆作物的相遇》

78

肯尼亚安波塞利国家公园（Amboseli National Park）热带草原树丛中的长颈鹿。非洲的环境史研究分析了野生动物禁猎区与资源保护的变化过程和根本原因。作者摄于 1989 年

讲述了玉米这种作物席卷整个非洲大陆并取代一些本土栽培植物的历史。[214]

卡拉瑟斯在《克鲁格国家公园》一书、[215]克拉克·吉布森在《用枪和选票谋杀动物》一文中，[216]推翻了将资源保护视为政治领域之外的论题的倾向。《环境史》杂志在1999年出过“非洲和环境史”专号，其中的文章涉及移民、人口、殖民科学和土壤侵蚀。[217]威廉·贝纳特和彼得·科茨比较了南非和美国的环境史。[218]法里达·卡恩将注意力转向了南非黑人在资源

79

莫桑比克戈龙戈萨国家公园（Gorongosa National Park）的护林员。所有非洲国家公园都禁止偷猎。作者摄于2012年

保护史，特别是土壤保护方面的作用这一遭到忽视的论题。[219]水的历史方面，有希瑟·霍格关于河流开发的著作，[220]以及艾伦·伊萨克曼和芭芭拉·伊萨克曼在一项研究中所揭露的莫桑比克卡霍拉巴萨（Cahora Bassa）的一个大坝项目的人力和环境成本。[221]塔玛拉·贾尔斯—韦尼克的《修剪过去的藤蔓》的主题是中非雨林环境史。[222]《环境与历史》在1995年出过一期津巴布韦专号，里面的文章考察了资源保护、水、象牙贸易和土地纠纷等问题。[223]

拉丁美洲

当今，拉丁美洲环境史学家活力十足，成果斐然，任何观察到这一点的人肯定都会意识到，那里的环境史领域很活跃，正在发展之中。拉丁美洲和加勒比环境史学会（The Society of Latin American and Caribbean Environmental History，SOLCHA）成立于2006年，并继续蓬勃发展。其会员被称为“拉加学会会员”（solcheros），会议每两年举行一次。从这些会议安排的报告数量来看，它们可以与欧洲环境史学会甚至美国环境史学会的会议比肩。《拉丁美洲和加勒比环境史》

80

（*Historia Ambiental Latinoamericana y Caribeña, HALAC*）杂志于2010年开始发行。巴西学者莉萨·塞德勒兹通过创建网站作出了贡献，该网站提供了有用的拉丁美洲环境史参考书目。[224] 吉列尔莫·卡斯特罗·赫雷拉于2001年发表一篇题为《拉丁美洲的环境史》的文章，对拉丁美洲的环境史著述作了精彩的介绍。[225] 卡斯特罗还是《拉丁美洲历史上的自然与社会》一书的作者，[226] 该书赢得了1994年度古巴哈瓦那美洲文学艺术院奖。* 卡斯特罗注意到了古巴哲学家和爱国者何塞·马蒂（José Martí）著述中对自然的看法与拉丁美洲国家自决观念的关联，认为在激发环境政治意识方面，他与梭罗（Thoreau）形成鲜明对比。肖恩·威廉·米勒的著作《拉丁美洲环境史》于2007年获得了埃莉诺·梅尔维尔奖（the Elinor Melville Prize）。[227] 这一领域更早的著述有尼古拉·格利戈和乔治·莫雷洛的《拉丁美洲生态史随笔》，[228] 以及路易斯·维塔尔的《拉丁美洲环境历史探讨》。[229] 伯纳尔多·加西亚·马丁内斯和阿尔瓦·冈萨雷斯·哈科梅主编了一部选集《美洲历史与环境研究》，[230] 在美洲国家组织的

* 美洲文学艺术院（Casa de las Américas），1959年由古巴革命政府创建，致力于文学和艺术方面的研究与交流，所涉及的领域包括：文学、造型艺术、戏剧、音乐、加勒比地区研究、女性问题研究等。

泛美地理与历史研究所（The Pan-American Institute of Geography and History of the Organization of American States）资助下出版。拉丁美洲区域环境史著作包括费尔南多·奥蒂兹·莫纳斯特利欧等人的《一片被玷污的土地：墨西哥环境史》，[231] 以及克里斯托弗·博伊尔主编的有关墨西哥的一部著作《海域之间的陆地》。[232] 关于古巴的糖，可参阅雷纳尔多·富内斯·蒙佐特的《从雨林到甘蔗园》。[233]

81

艾尔弗雷德·克罗斯比的著作，特别是《哥伦布大交换》，[234] 影响了北美和拉丁美洲的学者；其思想主张立足于这样一个事实，即：欧洲对新大陆的入侵不仅仅是军事征服，还包括侵害性动物、植物和微生物以及人口在内的生物迁移。埃莉诺·梅尔维尔的《羊灾》考察了征服墨西哥的环境后果，特别是梅斯基塔尔（Mezquital）山谷的生态退化。[235] 沃伦·迪安撰写了《因为大斧和火把：巴西大西洋沿岸森林的毁灭》，[236] 这是一部环境史杰作。1994 年迪安在圣地亚哥悲惨死亡，他计划中的一部关于亚马逊雨林的著作未能完成，这可能是他的《巴西和橡胶之争》的续篇。[237] 对安第斯山脉气候变化的研究，有马克·凯里的获奖作品《冰川融化的阴影》。[238]

古代世界和中世纪

对于前工业化时期的环境史，还需要做更多的研究。大体上，这指的是1800年之前。以前中世纪相对来说几乎未被触及，现已向环境史敞开大门，这是理查德·霍夫曼、威廉·特布雷克、佩特拉·范·达姆、查尔斯·鲍鲁斯、罗纳德·祖普科和罗伯特·劳勒斯等学者努力的结果。[239]1996年4月，霍夫曼和埃莉诺·梅尔维尔在加拿大多伦多组织了一次前工业化时期环境史会议。特别值得一提的是，2014年霍夫曼出了专著《中世纪欧洲环境史》。[240]

迄今为止，古典时代地中海的环境史领域未得到充分的研究，一定程度上要归因于古典学术的保守倾向。不过，也迈出了重要的一步，那就是2014年在柏林自由大学和国立图书馆举办了“古代生活和思想中的污染与环境”会议，由奥丽塔·科尔多瓦纳和贾恩·弗朗哥·奇艾组织。这是第一次为古典学者和其他致力于古代世界研究的学者举行的环境会议，克劳斯·盖斯就古代文献中的环境和地理问题作了主旨演讲。

82

本书作者J. 唐纳德·休斯已就这一主题出版了一部著作，[241]新的版本名为《古代希腊人和罗马人的环境问题：古代地中海地区的生态》，于2014年问世。[242] 拉塞尔·梅格斯、罗伯特·萨拉勒斯、托马斯·加伦特、冈瑟·瑟里、赫尔穆特·本德、卡尔—威勒姆·韦伯、J. V. 瑟古德和卢卡斯·托曼等人也有高质量的著述问世。[243] 威廉·哈里斯主编了一部重要的文集，即《科学与历史之间的古地中海环境》。[244]

小结

国际环境史学家网络的发展在一些地区很迅速，在其他地区则比较慢，这是由几个因素决定的：一个是历史学界和历史地理学界之间先前已有的联系如何，另一个是是否有关注环境史学家所研究问题的活跃的环保运动。此外，大学和国家机构对革新的接受程度一定也会产生影响。

虽然环境史的前身是在欧洲和欧洲列强的殖民领地出现的，但环境史学科首先在美国蓬勃发展，而且就学者和出版物的数量而言继续在那里占主导地位，并成为其他地方研究工作的催化剂，这是毫无疑问的事实。唐纳德·沃斯特、艾尔弗雷德·克罗斯比、威廉·克罗农、卡罗琳·麦钱特及其他著名学者受到全球各地环境史学家的褒扬。这并不是说其他地方的环境史家对美国环境史家的观点就没有批评。譬如，拉马昌德拉·古哈等印度学者就反对他们所认为的美国环保运动对荒野的偏重，他们强调的是地方社区的重要性，认为这是美国环境史所缺乏的内容。有些美国环境史学家已将这一点牢记在心，并强调原住民和少数民族的作用。对于在每一地区和国家的环境历史中起作用的因素，各个地方都在注意鉴别和界定。结果在理论和方法层面出现了一系列洞见，由此塑造了不同社会的环境史。这些见解反过来也改造了美国的环境史。我们希望，在世界上仍缺乏环境史的广大地区，还会出现能独立发展的环境史学者群体。

83

1　J. Donald Hughes, "Environmental History-World," in David R. Woolf, ed., *A Global Encyclopedia of Historical Writing*, 2 vols. New York: Garland Publishing, 1998, vol. 1, 288–91.

2　关于论文和范围广泛的参考书目，参见 *Indonesian Environmental History Newsletter*, no. 12 (June 1999)，由"马来群岛的生态、人口和经济"（Ecology, Demography and Economy in Nusantara, EDEN）组织发行，KITLV (Koningklijk Institut voor Taal-, Land- en Volkenkunde, Royal Institute of Linguistics and Anthropology), PO Box 9515, 2300 RA Leiden, Netherlands。

3　Tim Flannery, *The Future Eaters: An Ecological History of the Australasian Lands and People*. New York: George Braziller, 1994.

4　Tim Flannery, *The Eternal Frontier: An Ecological History of North America and Its People*. New York: Atlantic Monthly Press, 2001.

5　Madhav Gagil and Ramachandra Guha, *This Fissured Land: An Ecological*

History of India. Berkeley: University of California Press, 1992.

6　Donald Worster, "World Without Borders: The Internationalizing of Environmental History," *Environmental Review* 6, no. 2 (Fall 1982): 8–13.

7　如果算上沃斯特的演讲，共有 27 篇文章，11 份摘要。Kendall E. Bailes, ed., *Environmental History: Critical Issues in Comparative Perspective*. Lanham, MD: University Press of America, 1985.

8　*Environmental Review* 8, no. 3 (Fall 1984).

9　Peter Coates, "Emerging from the Wilderness (or, from Redwoods to Bananas): Recent Environmental History in the United States and the Rest of Americas," *Environment and History* 10, no. 4 (November 2004): 407–38, 特别是 "Of Mice (Beaver?) and Elephants: Canada and North American Environmental History," pp. 421–3。

10　Graeme Wynn and Matthew Evenden, "Fifty-four, Forty, or Fight? Writing Within and Across Boundaries in North American Environmental History," 提交 "环境史的作用"（The Uses of Environmental History）大会的论文，该会议于 2006 年 1 月 13 日至 14 日在英国剑桥大学历史与经济研究中心（Centre for History and Economics）举办。

11　Graeme Wynn, guest editor, "On the Environment," *BC Studies* 142, no. 3 (summer/autumn 2004); Graeme Wynn, *Canada and Arctic North America: An Environmental History*. Santa Barbara: ABC-CLIO, 2007.

12　Alan MacEachern and William J. Turkel, *Method and Meaning in Canadian Environmental History*. Toronto: Nelson, 2009.

13　Laura Sefton MacDowell, *An Environmental History of Canada*. Seattle: University of Washington Press, 2012.

14　Theodore Binnema, *Common and Contested Ground: A human and Environmental History of the Northwest Plains*. Norman: University of Oklahoma Press, 2001; Douglas Harris, *Fish, Law and Colonialism: The Legal Capture of Salmon in British Columbia*. Toronto: University of Toronto Press, 2001; Arthur J. Ray, "Diffusion of Disease in the Western Interior of Canada, 1830–1850," *Geographical Review* 66 (1976): 156–81; Jody F. Decker, "Country Distempers: Deciphering Disease and Illness in Rupert's Land before 1870," in Jennifer Brown and Elizabeth Vibert, eds., *Reading Beyond Words: Documenting Native History*. Calgary: Broadview Press, 1996; Mary-Ellen Kelm, "British Columbia's First Nations and the Influenza Pandemic of 1918–1919," *BC Studies* 122 (1999): 23–48; Hans Carlson, *Home is the Hunter: The James Bay Cree and Their Land*. Seattle: University of Washington Press, 2009.

15　Neil Forkey, *Shaping the Upper Canadian Frontier: Environment, Society, and Culture in the Trent Valley*. Calgary: University of Press, 2003; Matthew Hatvany, *Marshlands: Four Centuries of Environmental Changes on the Shores of the St. Lawrence.* Sainte-Foy: Les Presses de l'Université Laval, 2004; Clint Evans, *The War on Weeds in the Prairie West: An Environmental History.* Calgary: University of Calgary Press, 2002.

16　Richard Rajala, *Clearcutting the Pacific Rain Forest*. Vancouver: University of British Columbia Press, 1998; Jean Manore, *Cross-Currents: Hydroelectricity and the Engineering of Northern Ontario*. Waterloo: Wilfred Laurier Press, 1999; Matthew Evenden, *Fish versus Power: An Environmental History of the Fraser River*. Cambridge: Cambridge University Press, 2004.

17　Tina Loo, "Making a Modern Wilderness: Wildlife Management in Canada, 1900–1950," *Canadian Historical Review* 82 (2001): 91–121; John Sandlos, "From the Outside looking in: Aesthetics, Politics and Wildlife Conservation in the Canadian North," *Environmental History* 6, no. 1 (2001): 6–31; Kurkpatrick Dorsey, *The Dawn of Conservation Diplomacy: US-Canadian Wildlife Protection Treaties in the Progressive Era.* Seattle: University of Washington Press, 1998.

18　Suzanne Zeller, *Inventing Canada: Early Victorian Science and the Idea of a Transcontinental Nation*. Toronto: University of Toronto Press, 1987; Stephen Bocking, *Ecologists and Environmental Politics: A History of Contemporary Ecology.* New Haven, CT: Yale University Press, 1997; Stéphane Castonguay, *Protection des cultures, construction de la nature: L'entomologie économique au Canada*. Saint-Nicolas: Septentrion, 2004.

19　Michelle Dagenais, "Fuir la ville: villégiature et villégiatures dans la région de Montéral, 1890–1940," *Revue d'histoire de l'Amérique française* 58, no. 3 (spring 2005).

20　Stephen Bocking, guest editor, "The Nature of Cities," special issue of *Urban History Review* 34, no. 1 (Fall 2005).

21　Ken Cruikshank and Nancy B. Bouchier, "Blighted Areas and Obnoxious Industries: Constructing Environmental Inequality on an Industrial Waterfront, Hamilton, Ontario 1890–1960," *Environmental History* 9 (2004): 464–96.

22　Stephen Castonguay and Michele Dagenais, *Metropolitar Natures: Environmental Histories of Montreal*. Pittsburgh: University of Pittsburgh Press, 2011.

23　Catriona Mortimer-Sandilands, "Where the Mountain Men Meet the Lesbian Rangers: Gender, Nation, and Nature in the Rocky Mountain National Parks," in

Melody Hessing, Rebecca Region, and Catriona Sandilands, eds., *This Elusive Country: Women and the Canadian Environment*. Vancouver: UBC Press, 2004; Tina Loo, "Of Moose and Men: Hunting for Masculinities in the Far West," *Western Historical Quarterly* 32 (2001): 296–319.

24 Richard Charles Hoffmann, *Fishers' Craft and Lettered Art: Tracts on Fishing from the End of the Middle Ages*. Toronto: University of Toronto Press, 1997; and *Land, Liberties and Lordship in a Late Medieval Countryside: Agrarian Structures and Change in the Duchy of Wroclaw*. Philadelphia, PA: University of Pennsylvania Press, 1989.

25 Verena Winiwarter et al., ed., "Environmental History in Europe from 1994 to 2004: Enthusiasm and Consolidation," *Environment and History* 10, no.4 (November 2004): 501-30.

26 Mark Cioc, Björn-Ola Linnér,and Matt Osborn, "Environmental History Writing in Northern Europe," *Environmental History* 5, no. 3 (July 2000): 396–406.

27 Michael Bess, Mark Cioc, and James Sievert, "Environmental History Writing in Southern Europe," *Environmental History* 5, no. 4 (October 2000): 545–56.

28 Leos Jelecek, Pavel Chromy, Helena Janu, Josef Miskovsky, and Lenka Uhlirova, eds., *Dealing with Diversity*. Prague: Charles University in Prague, Faculty of Science, 2003; Mauro Agnoletti, Marco Armiero, Stefania Barca, and Gabriella Corona, eds., *History and Sustainability*. Florence: University of Florence, Dipartimento di Scienze e Tecnologie Ambientali e Forestali, 2005.

29 Peter Brimblecombe and Christian Pfister, *The Silent Countdown: Essays in European Environmental History*. Berlin: Springer-Verlag, 1990.

30 Timo Myllyntaus and Mikko Saikku, eds., *Encountering the Past in Future*. Athens, OH: Ohio University Press, 2001.

31 Matt Osborn, "Sowing the Field of British Environmental History," 2001, At: www.h-net.org/~environ/historiography/british.htm.

32 W. G. Hoskins, *The Making of the English Landscape.* London: Hodder and Stoughton, 1955；1977 年再版。

33 H. C. Darby, *A New Historical Geography of England.* 2 vols: *Before 1600; After 1600.* Cambridge: Cambridge University Press, 1976.

34 I. G. Simmons, *An Environmental History of Great Britain: From 10,000 Years Ago to the Present*. Edinburgh: Edinburgh University Press, 2001.

35 Keith Thomas, *Man and the Nature World: Changing Attitudes in England*

1500–1800. London: Allan Lane, 1983.

36　John Sheail, *An Environmental History of Twentieth-Century Britain*. New York: Palgrave, 2002.

37　Oliver Rackham, *An illustrated History of the Countryside*. London: Weidenfeld and Nicolson, 2003；还有 *Trees and Woodland in the British Landscape: A Complete History of Britain's Trees, Woods and Hedgerows*. London: Phoenix Press, 2001，以及 *The History of the Countryside*. London: J. M. Dent and Sons, 1993。

38　B. W. Clapp, *An Environmental History of Britain Since the Industrial Revolution*. London: Longman, 1994.

39　Peter Brimblecombe, *The Big Smoke: A History of Air Pollution in London Since Medieval Times*. London: Routledge and Kegan Paul, 1987.

40　Dale H. Porter, *The Thames Embankment: Environment, Technology, and Society in Victorian London*. Akron, OH: University of Akron Press, 1998.

41　T. C. Smout, *Nature Contested: Environmental History in Scotland and Northern England since 1600*. Edinburgh: Edinburgh University Press, 2000，以及 *People and Woods in Scotland: A History*. Edinburgh: Edinburgh University Press, 2003. 还可参见他主编的几本书：*Scotland Since Prehistory: Nature Change and Humane Impact*. Aberdeen: Scottish Culture Press, 1993；以及与 R. A. 兰伯特合作主编的 *Rothiemurchus: Nature and People on a Highland Estate 1500–2000*. Edinburgh: Scottish Cultural Press, 1999。

42　Fiona Watson, *Scotland: From Prehistory to Present*. Stroud: Tempus Publishing, 2003.

43　T. C. Smout, Alan R. Macdonald, and Fiona J. Watson, *A History of the Native Woodlands of Scotland, 1520–1920*. Edinburgh: Edinburgh University Press, 2005.

44　T. C. Smout and Mairi Stewart, *The Firth of Forth: An Environmental History*. Edinburgh: Birlinn, 2013.

45　Francis Ludlow, Juliana Adelman, and Poul Holm, "Environmental History in Ireland," *Environment and History* 19, no. 2 (2013): 247–52.

46　*Annals* 29, no. 3 (1993).

47　Pascal Acot, *Historie de l'écologie*. Paris: Presses Universitaires de France, 1988; J. M. Drouin, *Réinventer la nature: l'écologie et son histoire*. Paris: Desclée de Brower, 1991.

48　Noelle Plack, *Common Land, Wine, and the French Revolution: Rural Society and Economy in Southern France*. Farnham: Ashgate, 2009.

49　Françoise d'Eaubonne, *Le féminisme ou la mort* (*Feminism or Death!*).

Paris: Horay, 1974.

50 Joseph Szarka, *The Shaping of the Environmental Policy in France*, New York: Berghahn Books, 2002; Emilie Leynaud, *L'Etat et la Nature: l'example des parcs nationnaux français*, Florac: Parc National des Cévennes, 1985.

51 Andrée Corvol, *L'Homme aux bois: Historie des relations de l'homme et de la forêt, XVIIIe–XXe siècles* (*Man in the Woods: A History of Humane-Forest Relations, Eighteenth to the Twentieth Centuries*). Paris: Fayard, 1987; Louis Badré, *Historie de la forêt français* (*History of the French Forest*). Paris: Les Éditions Arthaud, 1983.

52 R. Neboit-Guilhot and L. Davy, *Les française dans leur environment*. Paris: Nathan, 1996.

53 Michael Bess, *The Light-Green Society: Ecology and Technological Modernity in France, 1960–2000.* Chicago: University of Chicago Press, 2004.

54 Christoph Bernhardt and Geneviève Massard-Guilbaud, eds., *Le Démon moderne: La pollution dans les sociétés urbaines et industrielles d'Europe* (*The Modern Demon: Pollution in Urban and Industrial European Societies*). Clermont-Ferrand: Presses Universitaires Blaise-Pascal, 2002. and Dieter Schott, Bill Luckin and Geneviève Massard-Guilbaud, eds., *Resources of the City: Contributions to an Environmental History of Modern Europe.* Aldershot: Ashgate, 2005.

55 Verena Winiwarter, *Umweltgeschichte: Eine Einführung* (*Environmental History: An Introduction*). Stuttgart: UTB, 2005.

56 Christian Pfister, *Wetternachhersage: 500 Jahre Klimavariationen und Naturkatastrophen, 1496–1995* (*Evidence of Past Weather: 500 Years of Climatic Variations and Natural Catastrophes, 1496–1995*). Bern: P. Haupt, 1999.

57 Joachim Radkau, *Nature and Power: A Global History of the Environment*. New York: Cambridge University Press, 2008; Joachim Radkau, *The Age of Ecology*. Cambridge: Polity, 2014.

58 Joachim Radkau and Frank Uekötter, *Naturschutz und Nationalsozialismus* (*Nature Protection and National Socialism*). Berlin: Campus Fachbuch, 2003.

59 Anna Bramwell, *Blood and Soil: Richard Walther Darré and Hitler's "Green Party."* Abbotsbrook, Bourne End, Buckinghamshire: Kensal Press, 1985.

60 Mark Ciok, "Germany," in Shepard KrechIII, J. R. McNeill, and Carolyn Merchant, eds., *Encyclopedia of World Environmental History,* 3 vols. New York: Routledge, 2004, vol.3, p.586.

61 Mark Ciok, *The Rhine: An Eco-Biography, 1815–2000*. Seattle, WA:

University of Washington Press, 1985.

62　Raymond H. Dominick, *The Environmental Movement in Germany: Prophets and Pioneers*, 1871–1971. Bloomington: Indiana University Press, 1992.

63　Markus Klein and Jürgen W. Falter, *Der lange Weg der Grünen* (*The Long Path of the Greens*). Munich: C. H. Beck, 2003.

64　G. P. van de Ven, *Man-Made Lowlands: History of Water Management and Land Reclamation in the Netherlands*. Utrecht: Uitgeverij Matrijs, 1993.

65　Henny J. van der Windt, *En Dan, Wat Is Natuur Nog in Dit Land?: Natuurbescherming in Nederland 1880–1990*. Amsterdam: Boom, 1995.

66　*Jaarboek voor Ecologische Geschiednis*, Ghnent/Hilversum: Academia Press and Verloren.

67　Petra J. E. M. van Dam, *Vissen in Veenmeeren: De sluisvisserij op aal tussen Haarlem en Amsterdam en de ecologische transformation in Rijnland, 1440–1530*. Hilversum: Verloren, 1998.

68　William H. TeBrake, *Medieval Frontier: Culture and Ecology in Rijnland*. Colledge Station: Texas A&M University Press, 1984.

69　Piet H. Nienhuis, *Environmental History of the Rhine-Meuse Delta: An Ecological Story on Evolving Human — Environmental Relations Coping with* Climate Change and Sea-Level Rise. New York: Springer, 2008.

70　Christophe Verbruggen, Erik Thoen, and Isabelle Parmentier, "Environmental History in Belgian Historiography," *Journal of Belgian History* 43, no. 4 (2013): 173–86.

71　Andrew Jamison, Ron Eyerman, and Jacqueline Cramer, *The Making of the New Environmental Consciousness: A Comparative Study of the Environmental Movements in Sweden, Denmark and the Netherlands*. Edinburgh: Edinburgh University Press, 1990.

72　Per Eliasson, ed., *Learning from Environmental History in the Baltic Countries*. Stockholm: Liber Distribution, 2004.

73　Timo Myllyntaus, "Writing the Past with Green Ink: The Emergence of Finish Environmental History."At: http://www. h-net.organization/-environ/historiography/finland.htm; 还收录于 Erland Marald and Christer Nordlund, eds., *Skrifter fran forskningsprogrammet Landskapet som arena nr X*. Umeå: Umeå University, 2003。

74　Yrjö Haila and Richard Levins, *Humanity and Nature: Ecology, Science and Society*. London: LPC Group, 1992.

75　譬如：Jussi Raumolin, *The Problem of Forest-Based Development as Illustrated by the Development Discussion, 1850–1918.* Helsinki: University of Helsinki, Department of Social Policy, 1990。

76　Simo Laakkonen, *Vesiensuojelun synty: Helsingin ja sen merialueen ymparistöúhistoriaa 1878–1928* (*The Origins of Water Protection Helsinki, 1878–1928*). Helsinki: Gaudeamus, 2001(附有英文摘要).“Beauty on the Water? Two Turning Points in Stockholm’s Water-Protection Policy,” in Simo Laakkonen and S. Thelin, eds., *Living Cities: An Anthology in Urban Environmental History*. Stockholm: Swedish Research Council Formas, pp. 306–31; “Cold War and the Environment: The Role of Finland in International Environmental Politics in the Baltic Sea Region,” *Ambio* 36, nos. 2–3 (2007): 229–36; “War and Natural Resources in History: Introduction,” *Global Environment* 10 (2013): 8–15.

77　T. Aarnio, J. Kuparinen, F. Wulff, S. Johansson, Simo Laakkonen, and E. Kessler, eds., *Science and Governance of the Baltic Sea*. Stockholm: Kungliga Svenska Vetenskapsakademien, 2007.

78　Ulrike Plath, “Environmental History in Estonia,” *Environment and History* 18, no. 2 (May 2012): 305–8.

79　L. Anders Sandberg and Sverker Sörlin, *Sustainability, the Challenge: People, Power, and the Environment.* Vancouver: Black Rose Press, 1998.

80　Sverker Sörlin and Anders Öckerman, *Jorden en Ö: En Global Miljöhistoria* (*Earth an Island: A Global Environmental History*). Stockholm: Natur och Kultur, 1998.

81　Thorkild Kjærgaard, *The Danish Revolution, 1500–1800: An Ecohistorical Interpretation.* trans. David Hohnen. Cambridge: Cambridge University Press, 1994.

82　Leos Jelecek, Pavel Chromy, Helena Janu, Josef Miskovsky, and Lenka Uhlirova, eds., *Dealing with Diversity: 2nd International Conference of the European Society for Environmental History Prague 2003*, 2 vols. (*Proceedings and Abstract Book*). Prague: Charles University in Prague, Faculty of Science, 2003.

83　Lajos Rácz, *Climate History of Hungary Since the 16th Century: Past, Present and Future.* Pécs: MTA RKK, 1999. 以及 *The Steppe to Europe: An Environmental History of Hungary in the Traditional Age*. Cambridge: White Horse Press, 2013。

84　József Laszlovszky and Peter Szabó, eds., *People and Nature in Historical Perspective.* Budapest: CEU press, 2003.

85　Andrea Kiss, "A Brief Overview on the Roots and Current Status of Environmental History in Hungary," *Environment and History* 19, no. 3 (August 2013): 391–4.

86　Drago Roksandic, Ivan Mimica, Natasa Stefanec and Vinca Gluncic-Buzancic, eds., *Triplex Confinium (1500–1800)*. Split and Zagreb: Knjizevni Krug, 2003.

87　J. Donald Hughes, *Sto je povijest okolisa?* trans. Damjan Lalovic. Zagreb: Disput, 2011.

88　Hrvoje Petric, "Environmental History in Croatian Historiography," *Environment and History* 18, no. 4 (2012): 623–7.

89　Douglas R. Weiner, *Models of Nature: Ecology, Conservation, and Cultural Revolution in Soviet Russia.* Bloomington, IN: Indiana University Press, 1988; 2nd edn. 2000.

90　Douglas R. Weiner, *A Little Corner of Freedom: Russian Nature Protection from Stalin to Gorbachëv.* Berkeley: University of California Press, 1999.

91　Douglas R. Weiner, "Russia and the Soviet Union," in Shepard Krech III, J. R. McNeill, and Carolyn Merchant, eds., *Encyclopedia of World Environmental History,* 3 vols. New York: Routledge, 2004, vol. 3, pp. 1074–80.

92　Paul Josephson, Nicolai Dronin, Ruben Mnatsakanian, Aleh Cherp, Dmitry Efremenko, and Vladislav Larin, *An Environmental History of Russia*. Cambridge: Cambridge University Press, 2013.

93　John R. McNeill, *The Mountains of the Mediterranean World: An Environmental History.* Cambridge: Cambridge University Press, 1992. 还可参见 J. R. McNeill, "Mediterranean Sea," in Shepard Krech III, J. R. McNeill, and Carolyn Merchant, eds., *Encyclopedia of World Environmental History*, 3 vols. New York: Routledge, 2004, vol. 2, pp. 826–8。

94　J. Donald. Hughes, *The Mediterranean: An Environmental History.* Santa Barbala, CA: ABC-CLIO, 2005.

95　Alfred T. Grove and Oliver Rackham, *The Nature of Mediterranean Europe: An Ecological History*. New Haven, CT: Yale University Press, 2001.

96　Peregrine Horden and Nicholas Purcell, *The Corrupting Sea: A Study of Mediterranean History.* Oxford: Blackwell, 2000.

97　Karl W. Butzer, "Environmental History in the Mediterranean World: Cross-Disciplinary Investigation of Cause-and-Effect for Degradation and Soil Erosion," *Journal of Archaeological Science* 32 (2005): 1773–800.

98　J. Donald Hughes, *Pan's Travail: Environmental Problems of the Ancient*

Greeks and Romans. Baltimore, MD: Johns Hopkins University Press, 1994.
99 J. Donald Hughes, *Environmental Problems of the Greeks and Romans: Ecology in the Ancient Mediterranean*. Baltimore, MD: Johns Hopkins University Press, 2014.
100 Manuel Gonzáles de Molina and J. Martínez-Alier, eds., *Naturaleza Transformada: Estudios de Historia Ambiental en España* (*Nature Transformed: Studies in Environmental History in Spain*). Barcelona: Icaria, 2001.
101 Juna García Latorre, Andrés Sánchez Picón, and Jesús García Latorre, "The Man-Made Desert：Effects of Economic and Demographic Growth on the Ecosystems of Arid Southeastern Spain," *Environmental History* 6, 1 (January 2001): 75–94.
102 Antonio Ortega Santos, "Agroecosystem, Peasants, and Conflicts: Environmental History in Spain at the Beginning of the Twenty-first Century," *Global Environment* 4 (2009): 156–79.
103 Alberto Vieira, ed., *História e Meio-Ambiente: O Impacto da Expansão Europeia* (*History and Environment: The Impact of the European Expansion*). Funchal, Madeira: Centro de Estudos de História do Atlântico, 1999.
104 Inês Amorim and Stefania Barca, "Environmental History in Portugal," *Environment and History* 18, no. 1 (February 2012): 155–8.
105 Piero Bevilacqua, *La mucca è savia: Ragioni storiche della crisi alimentare europea* (*The Savvy Cow: History of the European Food Crisis*). Rome: Donzelli, 2002.
106 Piero Bevilacqua, *Tra natura e storia: Ambiente, economie, risorse in Italia* (*Between Nature and History: Environment, Economy, and Resources in Italy*). Rome: Donzelli, 1996.
107 Marco Armiero and Marcus Hall, eds., *Nature and History in Modern Italy*. Athens: Ohio University Press, 2010.
108 Chloé A. Vlassopoulou, "Automobile Pollution: Agenda Denial vs. Agenda Setting in Early Century France and Greece," *History and Sustainability*, edited by Mauro Agnoletti, Marco Armiero, Stefania Barca, and Gabriella Corona, Florence: University of Florence, Dipartimento di Scienze e Tecnologie Ambientali e Forestali, 2005, pp. 252–6.
109 Chloe A. Vlassopoulou and Georgia Liarakou, eds., *Perivallontiki Istoria: Meletes ya tin arhea ke ti sinhroni Ellada* (*Environmental History: Essays on Ancient and Modern Greece*). Athens: Pedio Press, 2011.
110 Alexis Franghiadis, "Commons and Change: The Case of the Greek

'National Estates' (19th-Early 20th Centuries)" and Alexandra Yerolympos, "Fire Prevention and Planning in Mediterranean Cities, 1800–1920," in Leos Jelecek, Pavel Chromy, Helena Janu, Josef Miskovsky, and Lenka Uhlirova, eds., *Dealing with Diversity, Abstract Book*. Prague: Charles University in Prague, Faculty of Science, 2003, pp. 55–6, 138–9.

111　Vaso Seirinidou, "Historians in the Nature: A Critical Introduction to Environmental History," *Ta Historica* 51 (2009): 275–97.

112　Sam A. White, "Middle East Environmental History: Ideas from an Emerging Field," *World History Connected*, June 2011. At: http://worldhistoryconnected.press.illinois.edu/8.2/ forum_white.html.

113　Alan Mikhail, ed., *Water on Sand: Environmental Histories of the Middle East and North Africa*. New York: Oxford University Press, 2013.

114　Diana K. Davis, *Resurrecting the Granary of Rome: Environmental History and French Colonial Expansion in North Africa*. Columbus: Ohio University Press, 2007.

115　Sam A. White, *The Climate of Rebellion in the Early Modern Ottoman Empire*. New York: Cambridge University Press, 2011.

116　Alan Mikhail, *Nature and Empire in Ottoman Egypt: An Environmental History*. New York: Cambridge University Press, 2011.

117　Alon Tal, *Pollution in a Promised Land: An Environmental History of Israel*. Berkeley and Los Angeles, CA: University of California Press, 2002.

118　Daniel Orenstein, Alon Tal, and Char Miller, *Between Ruin and Restoration: An Environmental History of Israel*. Pittsburgh: Pittsburgh University Press, 2013.

119　Ramachandra Guha, *The Unquiet Woods: Ecological Change and Peasant Resistance in the Himalaya*. Oxford: Oxford University Press, 1989.

120　Gadgil and Guha, *This Fissured Land*.

121　David Arnold and Ramachandra Guha, eds., *Nature, Culture, Imperialism: Essays on the Environmental History of South Asia*. New Delhi: Oxford University Press, 1995.

122　Madhav Gadgil and M. D. Subash Chandran, "On the History of Uttara Kannada Forests," in John Dargavel, Kay Dixon, and Noel Semple, eds., *Changing Tropical Forests*. Canberra: Centre for Resource and Environmental Studies, 1998, pp.47–58. 还可参见 M. D. Subash Chandran and J. Donald Hughes, "Sacred Groves and Conservation: The Comparative History of Traditional Reserves in the Mediterranean Area and in South India," *Environment and History* 6, no. 2 (May 2000): 169–86。

123 Rana P. B. Singh, ed., *The Spirit and Power of Place: Human Environment and Sacrality*. Banaras: National Geographical Society of India, 1993.

124 David Arnold and Ramachandra Guha, eds., *Nature, Culture, Imperialism: Essays on the Environmental History of South Asia*. New Delhi: Oxford University Press, 1995.

125 Richard Grove, Vinita Damodaran, and Satpal Sangwan, eds., *Nature and the Orient: The Environmental History of South and Southeast Asia*. Delhi: Oxford University Press, 1998.

126 Ajay S. Rawat, ed., *History of Forest in India*. New Delhi: Indus Publishing, 1991; 以及 *Indian Forest: A Perspective*. New Delhi: Indus Publishing, 1993.

127 Ravi Rajan, *Modernizing Nature: Forestry and Imperial Eco-Development, 1800–1950*. Oxford: Oxford University Press, 2006.

128 Laxman D. Satya, *Ecology, Colonialism, and Cattle: Central India in the Nineteenth Century*. New Delhi: Oxford University Press, 2004.

129 Mahesh Rangarajan, J. R. McNeill, and Jose Augusto Padua, eds., *Environmental History: As if Nature Existed*. New York: Oxford University Press, 2010.

130 Mahesh Rangarajan and K. Sivaramakrishnan, eds., *India' s Environmental History*. Vol. 1: *From Ancient Times to the Colonial Period*; Vol. 2: *Colonialism, Modernity and the Nation*. Ranikhet: Permanent Black, 2012.

131 Ranjan Chakrabarti, *Does Environmental History Matter?* Kolkata: Tandrita Chandra (Bhaduri) Readers Service, 2006.

132 Ranjan Chakrabarti, *Situating Environmental History*. New Delhi: Manohar, 2007.

133 Chakrabarti, *Does Environmental History Matter?*, pp. xxiv–xxv.

134 Christopher Hill, *South Asia: An Environmental History*. Santa Barbara: ABC-CLIO, 2008.

135 James L. A. Webb, Jr., *Tropical Pioneers: Human Agency and Ecological Change in the Highlands of Sri Lanka, 1800–1900*. Athens: Ohio University Press, 2002.

136 Peter Boomgaard, *Southeast Asia: An Environmental History*. Santa Barbara: ABC-CLIO, 2006.

137 Peter Boomgaard, *Frontiers of Fear: Tigers and People in Malay World, 1600–1950*. New Haven, CT: Yale University Press, 2001.

138 Peter Boomgaard, Freek Colombijn, and David Henley, eds., *Paper Landscapes: Explorations in the Environmental History of Indonesia*. Leiden:

KITLV Press, 1997.

139 Bao Maohong, "Environmental History in China," *Environment and History* 10, 4 (November 2004): 475–99.

140 Maohong, "Environmental History in China," p. 477.

141 Gao Guorong, ed., *Historical Research*. Beijing: Social Sciences in China Press, 2013.

142 Mark Elvin, *The Retreat of the Elephants: An Environmental History of China*. New Haven, CT: Yale University Press, 2004.

143 Mark Elvin and Liu Tsui-jung (eds.), *Sediments of Time: Environment and Society in Chinese History*. Cambridge: Cambridge University Press, 1998.

144 Judith Shapiro, *Mao's War against Nature: Politics and Environment in Revolutionary China*. Cambridge: Cambridge University Press, 2001.

145 Robert B. Marks, *Tigers, Rice, Silk and Silt: Environment and Economy in Late Imperial South China*. Cambridge: Cambridge University Press, 1998.

146 Yi-Fu Tuan, *China*. Chicago: Aldine, 1969.

147 Lester J. Bilsky, "Ecological Crisis and Response in Ancient China," in Lester J. Bilsky, ed., *Historical Ecology: Essays on Environment and Social Change*. Port Washington, NY: Kennikat Press, 1980, pp. 60–70.

148 Chris Coggins, *The Tiger and the Pangolin: Nature, Culture, and Conservation in China*. Honolulu: University of Hawai i Press, 2003.

149 Robert B. Marks, *China: Its Environment and History*. Lanham, MD: Rowman & Littlefi eld., 2011.

150 Micah Muscolino, *The Ecology of War in China: Henan Province, the Yellow River, and Beyond, 1938–1950*. Cambridge: Cambridge University Press, 2015.

151 2011 年，我有幸在北京师范大学承担了一学期的环境史教学工作。

152 Mei Xueqin, "From the History of the Environment to Environmental History: A Personal Understanding of Environmental History Studies," *Frontiers of History in China* 2, no. 2 (2007): 121–44.

153 Mei Xueqin, "From the History of the Environment to Environmental History," p. 140.

154 Mei Xueqin, "From the History of the Environment to Environmental History," p. 139.

155 Shen Hou, *The City Natural: Garden and Forest Magazine and the Rise of American Environmentalism*. Urban Environmental History Series. Pittsburgh: University of Pittsburgh Press, 2013.

156 Conrad Totman, *Pre-Industrial Korea and Japan in Environmental Perspective*. Boston: Brill, 2004.
157 Lisa Brady, "Life in the DMZ: Turning a Diplomatic Failure into an Environmental Success," *Diplomatic History* 32 (September 2008): 585–611.
158 Robert Winstanley-Chesters, *Environment, Politics, and Ideology in North Korea: Landscape as a Political Project*. New York: Lexington Books, 2014.
159 Conrad Totman, *Japan: An Environmental History*. London: I. B. Tauris, 2014.
160 Conrad Totman, *A History of Japan*, 2nd edn. Oxford: Blackwell, 2005; and *The Green Archipelago: Forestry in Preindustrial Japan*. Berkeley: University of California Press, 1989.
161 Philip C. Brown, *Cultivating Commons: Joint Ownership of Arable Land in Early Modern Japan*. Honolulu: University of Hawaii Press, 2011.
162 Ian Jared Miller, Julia A. Thomas, and Brett Walker, eds., *Japan at Nature's Edge: The Environmental Context of a Global Power*. Honolulu: University of Hawaii Press, 2013.
163 Brett L. Walker, *The Conquest of Ainu Lands: Ecology and Culture in Japanese Expansion, 1590–1800.* CA: University of California Press, 2006.
164 Libby Robin and Tom Griffiths, "Environmental History in Australasia," *Environment and History* 10, 4 (November 2004): 439–74.
165 Don S. Garden, *Australia, New Zealand, and the Pacific: An Environmental History.* Santa Barbara, CA: ABC-CLIO, 2005.
166 Eric Pawson and Stephen Dovers, "Environmental History and the Challenges of Interdisciplinarity: Antipodean Perspective," *Environment and History* 9, 4 (November 2003).
167 *Environment and History*, special issue: "Australia," 4, 2 (June 1998); special issue: "New Zealand," 9, 4 (November 2003).
168 Tim Flannery, *The Future Eaters: The Future Eaters: An Ecological History of the Australasian Lands.* New York: George Braziller, 1995.
169 Robin and Tom Griffiths, "Environmental History in Australasia," p.459.
170 Stephen Dovers, ed., *Australian Environmental History: Essays and Cases.* Melbourne: Oxford University Press, 1994; *Environmental History and Policy: Still Setting Australia.* Melbourne: Oxford University Press, 2000.
171 Geoffrey Bolton, Spoils and Spoilers: A History of Australians Shaping Their Environment, 1788–1980. Sydney: Allen and Unwin, 1992. 1st edn. 1981.
172 Eric Rolls, *A Million Wild Acres.* Melbourne: Nelson, 1981; *They All Ran*

Wild: The Story of Pests on the Land in Australia. Sydney: Angus and Robertson, 1984. 1st edn. 1969; *Australia: A Biography, Volume I: The Beginnings.* St. Lucia: University of Queensland Press, 2000.

173　J. M. Powell, *A Historical Geography of Modern Australia: The Restive Fringe.* Cambridge: University Press, 1988.

174　John Dargavel, *Fashioning Australia's Forest*. Melbourne: Oxford University Press, 1995.

175　John Dargavel, ed., *Australia's Ever-Changing Forests*, Canberra: CRES (Centre for Resource and Environmental Studies, Australian National University), 1988, 1993, 1997, 1999, 2002. Melbourne: Oxford University Press, 1995.

176　Tom Griffiths, *Forests of Ash: An Environmental History*. Cambridge: Cambridge University Press, 2001.

177　Ben Daley, *The Great Barrier Reef: An Environmental History*. London: Routledge, 2014.

178　Emily O'Gorman, *Flood Country: An Environmental History of the Murray-Darling Basin.* Clayton, Victoria: CSIRO Publishing, 2012.

179　Stephen J. Pyne, *Burning Bush: A Fire History of Australia.* New York: Henry Holt, 1991.

180　Tim Bonyhady, *Places Worth Keeping: Conservationists, Politics, and Law.* NSW: Allen and Unwin, 1993.

181　Libby Robin, *Defending the Little Desert: The Rise of Ecological Consciousness in Australia.* Melbourne: Melbourne University Press, 2000.

182　Drew Hutton and Libby Connors, *A History of the Australian Environmental Movement.* Melbourne: Cambridge University Press, 1999.

183　Tim Bonyhady, *The Colonial Earth*, Carleton: Miegunyah Press, 2000.

184　参见 http://environmentalhistory-au-nz.org。

185　Eric Pawson and Tom Brooking, *Environmental Histories of New Zealand.* Melbourne: Cambridge University Press, 2002.

186　James Belich, *Making Peoples: A History of the New Zealanders from Polynesian Settlement to the Nineteenth Century.* Auckland: Penguin Press, 1996; *Paradise Reforged: A History of the New Zealanders from the 1880s to the Year 2000.* Honolulu: University of Hawai i Press, 2001.

187　Michael King, *The Penguin History of New Zealand.* Auckland: Penguin Books, 2003.

188　Helen M. Leach, 1,000 Years of Gardening in New Zealand. Wellington: AH and AW Reed, 1984.

189　Geoff Park, *Nga Uruora/the Groves of Life: Ecology and History in a New Zealand Landscape*. Melbourne: Victoria University Press, 1995.

190　Catherine Knight, *Ravaged Beauty: An Environmental History of Manawatu*. Auckland: Dunmore, 2014.

191　Alfred W. Crosby, *Ecological Imperialism: The Biological Expansion of Europe, 900–1900*. Cambridge: University of Cambridge Press, 2004; 1st edn. 1986.

192　参见 envirohistorynz.com。

193　J. R. McNeill, ed., *Environmental History in the Pacific World*. Adershot: Ashgate, 2001.

194　John Dargavel, Kay Dixon, and Noel Semple, eds., *Changing Tropical Forests: Historical Perspectives on Today's Challenges in Asia, Australasia and Oceania.* Canberra: Australian National University, 1988.

195　J. R. McNeill, "Of Rats and Men: A Synoptic Environmental History of the Island Pacific," *Journal of World History*, 5 (1994), 299–349. 还收录于 J. R. McNeill ed., *Environmental History in the Pacific World*, pp. 69–120。

196　Moshe Rapaport, ed., *The Pacific Islands: Environment and Society*. Honolulu: University of Hawaii Press, 2013.

197　Patrick V. Kirch, "The Environmental History of Oceanic Islands," in Patrick V. Kirch and Terry L. Hunt, eds., *Historical Ecology in the Pacific Islands*. New Haven, CT: Yale University Press, 1997, pp. 1–21.

198　Paul D'Arcy, *The People of the Sea: Environment, Identity, and History in Oceania*. Honolulu: University of Hawaii Press, 2005.

199　J. Donald Hughes, "Nature and Culture in the Pacific Islands," *Leidschrift: Historisch Tijdschrift* (University of Leiden, Netherlands) 21, no. 1 (April 2006): 129–43. ("Culture and Nature: History of the Human Environment." 专号）

200　John L. Culliney, *Islands in a Far Sea: The Fate of Nature in Hawaii*. Honolulu: University of Hawaii Press, 2006.

201　Carol A. MacLennan, *Sovereign Sugar: Industry and Environment in Hawaii*. Honolulu: University of Hawaii Press, 2014.

202　Jared Diamond, "Twilight at Easter," in *Collapse: How Societies Choose to Fail or Succeed.* New York: Viking, 2005, pp. 79–119.

203　John Flenley and Paul Bahn, *The Enigmas of Easter Island: Island on the Edge.* Oxford: Oxford University Press, 2003.

204　Carl N. McDaniel and John M. Gowdy, *Paradise for Sale: A Parable of Nature.* Berkeley: University of California Press, 2000.

205　Jane Carruthers, "Africa: Histories, Ecologies, and Societies," *Environment and History* 10, no. 4 (November 2004): 379–406.
206　David Anderson, and Richard Groves, eds., *Conservation in Africa: People, Politics, Practice*. Cambridge: Cambridge University Press, 1987.
207　Gregory H. Maddox, *Sub-Saharan Africa: An Environmental History*. Santa Barbara: ABC-CLIO, 2006.
208　Nancy J. Jacobs, *African History through Sources: Volume 1, Colonial Contexts and Everyday Experiences, c.1850–1946*. Cambridge: Cambridge University Press, 2014.
209　William Beinart, *The Rise of Conservation in South Africa: Settlers, Livestock, and the Environment, 1770–1950*. Oxford: Oxford University Press, 2003.
210　James C. McCann, *Green Land, Brown Land, Black Land: An Environmental History of Africa, 1800–1990*. Portsmouth, NH: Heinemann, 1999.
211　Helge Kjejkshus, *Ecology Control and Economic Development in East African History*. Berkeley and Los Angeles, CA: University of California Press, 1977.
212　Nancy J. Jacobs, *Environment, Power, and Injustice: A South African History*. Cambridge: Cambridge University Press, 2003.
213　Gregory Maddox, Isaria N. Kimambo, and James L. Giblin, eds., *Custodians of the Land: Ecology and Culture in the History of Tanzania*. Columbus: Ohio University Press, 1996.
214　James C. McCann, *Maize and Grace: Africa's Encounter with a New World Crop*. Cambridge MA: Harvard University Press, 2007.
215　Jane Carruthers, *The Kruger National Park: A Social and Political History*. Pietermaritzburg: University of Natal Press, 1995.
216　Clark C. Gibson, "Killing Animals with Guns and Ballots: The Political Economy of Zambian Wildlife Policy," *Environmental History Review*, 19 (1995), 49–57.
217　*Environmental History*, special issue, "Africa and Environmental History," 4, no. 2 (April 1999).
218　William Beinart and Peter Coates, *Environment and History: The Taming of Nature in the USA and South Africa*. London: Routledge, 1995.
219　Farieda Khan, "Soil Wars: The Role of the African Soil Conservation Association in South Africa, 1953–1959," *Environmental History* 2, no. 4 (October 1997): 439–59.

220　Heather J. Hoag, *Developing the Rivers of East and West Africa: An Environmental History*. London: Bloomsbury, 2013.
221　Allen F. Isaacman and Barbara S. Isaacman, Dams, Displacement and the Delusion of Development: Cahora Bassa and Its Legacies in Mozambique, 1965–2007. Columbus: Ohio University Press, 2013.
222　Tamara Giles-Vernick, *Cutting the Vines of the Past: Environmental Histories of the Central African Rain Forest*. Richmond: University of Virginia Press, 2002.
223　*Environment and History*, special issue, "Zimbabwe," ed. Richard Grove and JoAnn McGregor, vol.1, no. 3 (October 1995).
224　参见 www. stanford.edu/group/LAEH。
225　美国环境史学会网站，2005 年 8 月，http://www.h-net.org/~environ/historiography/latinam.htm。
226　Guillermo Castro Herrera, *Los Trabajos de Ajustey Combate: Naturaleza y sociedad en la historia de América Latina* (*The Labors of Conflict and Settlement: Nature and Society in the History of Latin America*). Bogotá/La Habana: CASA/Colcultura, 1995.
227　Shawn William Miller, *An Environmental History of Latin America*. Cambridge: Cambridge University Press, 2007.
228　Nicolo Gligo and Jorge Morello, "Notas sobre la historia ecológica de América Latina," ("Studies on History and Environment in America") in O. Sunkel y N. Gligo, eds., *Estilos de Desarrollo y Medio Ambiente en América Latina* (*Styles of Development and Environment in Latin America*). Fondo de Cultura Económica, El Trimestre Económico, no. 36, 2 vols, Mexico, 1980.
229　Luis Vitale, *Hacia una Historia del Ambiente en América Latina* (*Toward a History of the Environment in Latin America*). Mexico, DF: Nueva Sociedad/Editorial Nueva Imagen, 1983.
230　Bernardo García Martínez and Alba González Jácome, eds., *Estudios sobre Historia y Ambiente en América, I: Argentina, Bolivia, México, Paraguay* (*Studies on History and Environment in America, I: Argentina, Bolivia, Mexico, Paraguay*). Mexic, DF: Instituto Panamericano de Geografía e Historia/El Colegio de México, 1999.
231　Fernando Ortiz Monasterio, Isabel Fernández, Alicia Castillo, José Ortiz Monasterio, and Alfonso Bulle Goyri, *Tierra Profanada: Historia Ambiental de México* (*A Profaned Land: An Environmental History of Mexico*). Mexico City: Instituto Nacional de Antropología e Historia, Secretaría de Desarrollo Urbano y

Ecología, 1987.

232　Christopher R. Boyer, ed., *Land between Waters: Environmental Histories of Modern Mexico.* Tucson: University of Arizona Press, 2012.

233　Reinaldo Funes Monzote, *From Rainforest to Cane Field in Cuba.* Chapel Hill: University of North Carolina Press, 2008.

234　Alfred W. Crosby, *The Columbian Exchange: Biological and Cultural Consequences of 1492.* Westport, CT: Greenwood Press, 1972.

235　Elinor G. K. Melville, *A Plague of Sheep: Environmental Consequences of the Conquest of Mexico.* Cambridge: Cambridge University Press, 1994. Also in Spanish: *Plaga de Ovejas: Consecuencias ambientales de la conquista de México.* Mexico: Fondo de Cuitura Económica, 1999.

236　Warren Dean, *With Broadax and Firebrand: The Destruction of the Brazilian Atlantic Forest.* Berkeley: University of California Press, 1995.

237　Warren Dean, *Brazil and the Struggle for Rubber: A Study in Environmental History.* Cambridge: Cambridge University Press, 2002; 1st edn. 1987.

238　Mark Carey, *In the Shadow of Melting Glaciers: Climate Change and Andean Society*. New York: Oxford University Press, 2010.

239　Richard C. Hoffmann, *Fishers Craft and Lettered Art: Tracts on Fishing from the End of the Middle Ages*. Toronto: University of Toronto Press, 1997; and *Land, Liberties and Lordship in a Late Medieval Countryside: Agrarian Structures and Change in the Duchy of Wroclaw.* Philadelphia: University of Pennsylvania Press, 1989; William TeBrake, *Medieval Frontier: Culture and Ecology in Rijnland.* College Station: Texas A&M University Press, 1985; Petra J. E. M. van Dam, "De tanden van de waterwolf. Turfwinning en het onstaan van het Haarlemmermeer 1350–1550" ("The Teeth of the Waterwolf. Peat Cutting and the Increase of the Peat Lakes in Rhineland, 1350–1550"), *Tijdschrift voor Waterstaatsgeschiedenis* (1996): 2, 81–92, with summary in English; Charles R. Bowlus, "Ecological Crises in Fourteenth Century Europe," in Bilsky, Historical Ecology, pp. 86–99; Ronald E. Zupko and Robert A. Laures, *Straws in the Wind: Medieval Urban Environmental Law — The Case of Northern Italy*. Boulder, CO: Westview Press, 1996.

240　Richard C. Hoffmann, *An Environmental History of Medieval Europe.* Cambridge: Cambridge University Press, 2014.

241　Hughes, *Pan's Travail.*

242　Hughes, *Environmental Problems of the Greeks and Romans.*

243　Russell Meiggs, *Trees and Timber in the Ancient Mediterranean World.*

Oxford: Clarendon Press, 1982; Robert Sallares, *The Ecology of the Ancient Greek World*. Ithaca: Cornell University Press, 1991; Thomas W. Gallant, *Risk and Survival in Ancient Greece: Reconstructing the Rural Domestic Economy*. Stanford, CA: Stanford University Press, 1991; Günther E. Thüry, *Die Wurzeln unserer Umweltkrise und die griechisch-römische Antike*. Salzburg: Otto Müller Verlag, 1995; Helmut Bender, "Historical Environmental Research from the Viewpoint of Provincial Roman Archaeology," in Burkhard Frenzel, ed., *Evaluation of Land Surfaces Cleared from Forests in the Mediterranean Region during the Time of the Roman Empire*. Stuttgart: Gustav Fischer Verlag, 1994, pp. 145–56; Karl-Wilhelm Weeber, *Smog über Attika: Umweltverhalten im Altertum*. Zürich: Artemis Verlag, 1990; J. V. Thirgood, *Man and the Mediterranean Forest*. London: Academic Press, 1981; Lukas Thommen, *An Environmental History of Ancient Greece and Rome*. Cambridge: Cambridge University Press, 2012.

244　William V. Harris, *The Ancient Mediterranean Environment between Science and History* (Columbia Studies in the Classical Tradition 39). Leiden: Brill, 2013.

第五章

全球环境史

引言

不言而喻，有必要研究全球范围的环境史。即使在早期，由于传染病的传播、农业革命的扩散以及人口的迁移，环境因素就已经在单一文化和区域之外发挥作用。随着探险家、商人和移民带来的生物大交换，全球环境变化在近代早期加速。20世纪和21世纪之初，环境问题日益呈现为世界性问题。大气中携带的污染物、放射性粒子和火山尘埃从源头穿越大陆，是灾难性风暴的媒介；其化学成分和上升的温度反映了"温室效应"，这是全球变暖的一个原因。世界海洋占地球表面的十分之七，不仅影响着沿海地区和岛屿，而且以"终极污水池"（Ultimate Sink）的作用影响着整个地球；[1]它们吸收和排放包括水蒸气与二氧化碳在内的气体，而与大气的温度相比，海洋的温度对全球变暖的影响甚至更大。今天人类的活动很少受特定生态系统的限制（尽管这些生态系统跨越了国界），更多的是延伸到整个生物圈，

84

85 超越每一个国家的边界。世界贸易确保了一国土壤产出的食品热能可能会在一个遥远大陆上被消耗掉，而石油价格的影响将远远超出其来源地。远程需求刺激了过度捕捞，野生物种已濒临灭绝或消失殆尽。所有这些因素都能成为环境史的主题，因此可以推断，有一些环境史学家将以世界史作为研究的范围。但是这仍然令人沮丧。如果说地球只是一颗小行星，但依其居住者的感知来衡量，它却是硕大无比的；从生态角度看，它又是变化多端的。对任何学者来说，试图研究整个地球或大体

澳大利亚塔斯马尼亚的乔治镇（George Town，Tasmania）在加工澳大利亚树木木屑，用以出口日本。自由贸易和世界市场经济在远未满足需求量时就对环境造成了影响。作者摄于 1996 年

上说点什么符合其多样性的东西，都是一种挑战。尽管如此，许多历史学家已作过综合性的尝试。

世界环境史著作

世界环境史是人们最广泛接受的环境史研究方法，它可以消除边界，提供有用的比较与整合。它也是最早出现的一种环境史类型。

历史学与科学，特别是生态学的交叉，在世界环境史方面结出了硕果。这是1955年在普林斯顿召开的国际研讨会的要旨，这次会议由卡尔·索尔、马斯顿·贝茨和刘易斯·芒福德主持。其议程手册以“人类在改变地球面貌中的作用”为题，由小威廉·托马斯主编，是一部很重要的论文集，其主题在空间上横跨整个地球，时间上纵贯人类历史，为后来连接历史与科学的研究工作奠定了基础。[2] 威廉·莫伊·斯特拉顿·罗素的《人、自然与历史》即后来研究的一例。[3] 虽然这只是初步成果，但是在1969年作为该领域的大学课本，却几乎是绝无仅有的。1990年的一部文集仿效并在某些方面超越了托马斯主编的文集，这就是B. L. 特纳等人主编的《人类活动改变的地球：过去300年间生物圈的全球性

86

和区域性变化》。[4] 尽管这部文集局限于18世纪到20世纪，但它具有权威性，并且比托马斯主编的那一部更系统。

艾尔弗雷德·克罗斯比的早期著作，包括其开拓性著作《哥伦布大交换》，[5] 结合医学、生态学与历史学，论证了欧洲人及其家畜与植物以及他们已产生抗体的疾病对美洲人的生物影响。后来，他在《生态帝国主义》[6] 中拓展了研究范围，认为欧洲人将其“生物旅行箱”携带至许多迄今为止与世隔绝的新欧洲温带地区，在那里他们实现了人口接管。

直到世纪之交，历史学家撰写世界环境史的尝试还很罕见：考虑到这一领域的轮廓相对较新以及这一主题的广泛性，这一点并不令人意外。早期撰写全球环境史的尝试是阿诺德·汤因比的《人类与大地母亲》，[7] 但这一著作直到作者去世时也没完成，而且有许多缺陷，最大的缺陷是草率地对待现代历史。虽然该书标题看上去大有可为，导言部分也确实在认真对待生态学，但书中大部分内容依然是重复其早期著作观点的一种传统的政治—文化叙事。不过，可以将这一点看成是一种姿态。晚年汤因比清楚地意识到其《历史研究》[8] 没有阐明生态进程的应有的作用，而《人类与大地母亲》可以被视为弥补这一缺憾的未竟尝试。

87

I. G. 西蒙斯，达勒姆大学的地理学家，2001 年退休，写了两部概览性的世界环境史著作，严格地以科学资料为基础。它们包括《改变地球的面貌：文化、环境、历史》以及《环境史简介》。[9]2008 年，他在《全球环境史》中直接抨击了环境史学科。[10]对地理学这门学科而言，该领域的学者与历史学家相比，在看待历史时对采取全球视角或许不那么犹豫不决。其他这么做的地理学家中，有安德鲁·古迪和安妮特·马尼恩，他们分别著有《人类对自然环境的影响》[11]和《全球环境变化：一部自然与文化史》。[12]澳大利亚学者史蒂芬·博伊登写了《生物史：人类社会与生物圈之间的相互作用》。[13]

贾雷德·戴蒙德，一位涉足多个领域的学者，也自称为环境史学家，撰写了《枪炮、病菌与钢铁：人类社会的命运》[14]以及《崩溃：社会如何选择成败兴亡》，[15]探讨了自古以来地理和生物对历史的影响以及人类文化所作的回应。这两本书很吸引人，连续几星期位列报纸的畅销书排行榜上，这在这一领域的书籍中是很不寻常的。它们可能是公众最广泛阅读的环境史书籍，因这一缘故加上其内在价值而值得关注。在《枪炮、病菌与钢铁》中，戴蒙德问道，为什么技术发达的文明出现在一些社会而不是另外一些社会之中？他反对某些人比其他人更聪明和更有创造力的观点，因为所有人类群体的平均智力几乎都是一样的。他认为，答案在于地理和环境的差异。在这些差异中，包括是否可以获得可驯化的动植物，陆上可耕地是位于东—西轴（使驯化的动植物具备在相同纬度地区扩展的能力）还是南—北轴。许多批评家将这一论点视为环境决定论。《崩溃》可以被看成是对这一指责的辩驳。在书中，戴蒙德提出了一个更深层次的问题：社会为什么会作出失败抑或成功的选择？他将崩溃的原因分为五类：气候变化、敌对

88

智利复活节岛（拉帕努伊岛）阿胡同加里基（Ahu Tongariki）的茅伊（Moai），用火山岩做的祖先雕像，高约 10 米（30 英尺）。作者摄于 2002 年

的邻居、商业伙伴、环境问题以及社会对环境问题的应对。正是在最后一类原因中，一个社会可能会作出“选择”，其结果并非完全由环境决定。戴蒙德提供了两个社会几乎在同一地方同时存在的例子，但一个失败了，另一个成功了：如典型的两对，即格陵兰岛的挪威人和因纽特人；伊斯帕尼奥拉岛上的海地和多米尼加共和国。然而，另一对，即复活节岛（拉帕努伊岛，Rapa Nui）和蒂科皮亚岛（Tikopia），太平洋岛上的两个波利尼西亚社会，却又引出了一个问题。复活节岛的树木被岛上居民砍光，人口锐减，而蒂科皮亚岛的人口保持了稳定，并且仍然为树木所覆盖。戴蒙德和他的同事巴里·罗利特（Barry Rolett）鉴别出了九项影响太平洋岛屿森林滥伐的可能性的环境因素，显然，蒂科皮亚岛在九项中有五项比复活节岛做得要好些。复活节岛在所有这九项上几乎都是垫底。而如果环境层面如此严重不利的话，那么就真的能说复活节岛民“选择”了失败？相比之下，蒂科皮亚岛民以猪为基础创造了财富和宗教，但仍然选择屠宰所有的猪，因为它们消耗着小岛的资源。复活节岛民的威望和宗教则建立在巨石像的竖立之上，他们不停地竖起石像，直到所有用树干来移动石像的树都消失殆尽。为什么一群人发现了他们存在的问题，并采取行动来予以解决，而另一群却没有？戴蒙德

89

推测出几种可能的答案。虽然我们可能无法找到一个明确的答案，但应该感谢他提出了这个问题。2009年出版的《质疑崩溃》是一部批评戴蒙德论题的文集。[16]

克莱夫·庞廷的《绿色世界史》也是一部很受欢迎且广为使用的著作，[17]该书纵览历史上的环境问题，开篇即描述了环境历史中的寓言即复活节岛生态系统的破坏问题，紧接着先以年代为序，然后以专题形式展开论述。虽然庞廷触及了大多数突出的主题，其知识之渊博也给人深刻印象，但他的文风是新闻式的，所用的文献资料也不充分，没有脚注，只有一个简短的“进一步阅读指南”，而不是尾注或参考书目。

学者在世界环境史方面的撰述十分有益，他们的观点提供了发人深思的视角。斯堪的纳维亚半岛的史学家对世界环境史文献做出了贡献。[18]1998年，斯维尔克·索林和安德斯·奥克曼写了一部有用的全球环境史纲要，即《陆地岛屿：全球环境史》，它聚焦于现代世界。[19]希尔德·易卜生用“生态足迹”（ecological footprint）概念来解释人类社会与其环境之间在生态上互动的历史。[20]

21世纪之交有两部全球环境史著作出版。2000年，德国比勒费尔德大学（The University of Bielefeld）的乔基姆·拉德卡教授出版了《自然与权力：世界环境史》（英文版在2008年问世），[21]将环境史置于整个历史专业所理解的主题语境之中。该书囊括了从史前的狩猎群体到当今世界政治中的全球化与环境安全（或非安全）等话题，言词敏锐、清晰，而且很有分寸。

拉德卡的著作出版不久，J.唐纳德·休斯，即我的著作出版，书名为《世界环境史：人类在生命共同体中角色的变化》。[22]我的书按时间顺序从史前贯穿到当代。每一章包括大致的时期介绍，然后是对所选时期和地点的案例研究。我的探讨强调的是人类社会与它们作为其中一部分的生态系统之间的相互关系，考察通常作为人类活动结果的环境变化如何影响了人类社会的历史趋势。涉及20世纪的章节讨论了人口和技术的巨大发展的具体影响，以及人类对这些趋势的回应，也考量了人类对自然的道德责任，以及技术与环境之间可持续平衡的复杂难题。

社会学家周新钟写了一部从最早的城市出现到当下的5000年的环境史，即《世界生态退化》。[23]这体现了许多环境史家所称的一种衰败主义叙述（a declensionist narrative）。周新钟陈述的论点如下：城市化社会消耗了环境，在整个历史时期各个地方莫不如此。他认为，造成破坏的最强大动力就是财富积累、城市化和人口增长。就积累而言，他指出财富的获取不仅仅表现为金融资本，也包括文明的一切物质方面；这些都取自自然环境中的资源，结果必然会将它们消耗殆尽。城市化推动了资源的集中利用。人口增长则加剧了前两种现象，对环境造成了日益增大的压力。针对生态退化进程，周新钟详细探讨了其中的一种，即森林滥伐。这是一个很好的选择，因为从火的发现到现在它一直存在，能加以记录和测量。森林滥伐代表着其他相伴而生的生态退化形式，如洪水、侵蚀、栖息地消失以及生态系统的恶化。他的分析中有一个富有创见的观点，

91

希腊塞萨利佩内奥斯河（the Peneios River in Thessaly）的网状河道，是由于源头森林滥伐造成的侵蚀的结果，这种情况自古有之。作者摄于 1966 年

即“黑暗时代”*是文化耗尽其可用资源的结果。尽管这些时期给文明带来了灾难，但让大自然可以适度复原。一直以来，有许多个人和群体反对社会精英对环境的破坏。为什么这些行为没有教会人类避免人类社会所经历的“退化遭遇”？周新钟认为，这是社会被致力于“最大限度地利用资源以获取最大收益”[24]的群体支配以及人类的不理性所致。

斯蒂芬·莫斯利围绕环境变化的主导过程组织撰写《世界历史中的环境》，[25]研究了狩猎、森林、土壤和城市等主题。他言简意赅，专注于1600年至2010年这段时间。这部著作可以作为世界史课程的参考资料。2010年，马立博写了一篇精辟的评论文章，论及有关世界环境史的六部重要著作，对它们作了有趣的对比。[26]

92

世界环境史方面的许多论文集也已出版。由于这一学科的性质，几乎可以肯定，其他学科的学者也会跻身史家行列。莱斯特·比尔斯基主编的《历史生态学：环境和社会变化论集》就符合这一特点；[27]其中有几篇文章呈现了从史前到现代的时间框架，而唐纳德·沃斯特主编的《天涯地角》在某种程度上也是如此。[28]在这部精选的文集中，除了沃斯特的有益的导论以及被广征

* 指5—11世纪，即欧洲中世纪早期。

博引的附录“从事环境史研究”外，还收录了有关人口、英国工业革命、印度、非洲和苏联的论文，还有三篇关于美国的论文。[29]J. 唐纳德·休斯主编的文集《地球的面貌：环境与世界历史》[30]只收录了史学家的文章，包括有关生物多样性、美国的生态种族主义（eco-racism）、太平洋地区、澳大利亚、俄国和印度的论文。这部文集在范围上涉及的主要是现代，但并非全然如此。扬·奥斯托耶克和巴里·吉尔斯合编了名为《环境危机的全球化》文集，作者真心认可这一标题。[31]埃德蒙·伯克和彭慕兰主编了一卷选自名家的论文集《环境与世界历史》。[32]蒂莫·米林陶斯主编了《透过环境的思考：全球史研究的绿色路径》。[33]约翰·麦克尼尔和艾伦·罗合编的《全球环境史》由1989年到2010年间其他地方发表的一系列优秀论文组成，如其副标题所示，很适合作为环境史的入门读物。[34]埃里卡·鲍梅克、戴维·金凯拉和马克·劳伦斯合编了一卷本文集，以民族国家没有能力有效地处理全球环境问题为主题。[35]

约翰·麦克尼尔和艾琳·斯图尔特·毛尔丁合编了一部非常有用的指南，即《全球环境史指南》，收录了许多领域的领军人物的文章。在各个部分中，世界各地的学者研究了全球环境的时间、地理、主题和背景等方面内容。[36]阿尔夫·霍恩伯格写了一篇有关世界环境史

93

著作的优秀史学论文，2010年刊登于费尔南·布罗代尔中心主办的《评论》杂志。[37]

一些涵盖某一具体时期的世界环境历史的研究也已出现。新近这一领域的上乘之作是约翰·麦克尼尔关于上个世纪的史书，即《阳光下的新事物：20世纪世界环境史》。[38]它是首部综合性的20世纪世界环境史。麦克尼尔追溯了成为这一时期特征的环境变迁以及相关的社会变化；这些变化在范围上独一无二，通常在性质上也是如此。他认为，20世纪不仅在程度上而且在性质上都有别于之前的任何一个时期，因为“人类，在没有任何意图的情况下，已在地球上进行了巨大的不受控制的试验”。[39]在这里，为了理解20世纪，回顾以前的时代是必要的，因此麦克尼尔简洁地提供了背景。他解释说，当代文化适应了丰富的资源、矿物燃料能源以及快速的经济增长，即使情况有了变化，这些模式也不会轻易改变，而20世纪人类的经济行为也增强了变化的必然性。以矿物燃料为基础的能源体系、人口的迅速增长以及在意识形态上对经济增长和军事力量的广泛信奉成为变化的动力。麦克尼尔在书中对世界经济一体化有深刻的见解。这部著作成为了环境史的一部经典。

另一项关于某一历史时期环境史的研究来自约翰·理查兹，书名为《连绵不断的边疆：近代早期世界的环境史》，[40]涉及15世纪到18世纪之间的这一时期。理查兹强调，边疆是环境变化最为迅速的场所。这部著作的论点是，随着欧洲人向全球其他大部分地区的扩张，以及欧洲、印度和东亚的人类组织的进步，这个世界的突出模式出现了。有一章讨论了人们有关气候史的认知状况，小冰期就是在这一时期出现的。理查兹对地理环境、生物因素、原住民以及欧洲人及其引进的家畜、植物还有病原菌的适应性都给予了应有的重视，而他所描写的原住民既不是无助的受害者也不是生态圣徒。书的最后一部分“全球猎杀”（The World Hunt）概述了欧洲人周游世界寻找有机资源的方式；他们以为这些资源是用之不竭的，结果使近代早期极其丰富、多种多样的野生动植物大大减少，到这一时代末期则逐渐消失。他阐释了这种猎杀带来的经济优势以及物种灭绝造成的环境变化。这一部厚实的著作可以与麦克尼尔的20世纪世界环境史相提并论，相互补充。它们加在一起几乎涵盖了现代世界，我们现在需要的是一部填补两者之间空白的19世纪环境史。其中每一位作者都指出，就人类经济活动引起的全球环境变化而言，他所描述的那个时代的世界是前所未有的；他俩说得都对。

94

关于全球环境史的一种新的视角，是马立博在《现代世界的起源》[41]中呈现的。通过纵览1400年到1850

年的近代早期和现代的世界，马立博颠覆了通常的视角，将中国而不是欧洲作为叙述的中心。从这一观点来看，“西方的崛起”并不是必然的，抑或也不是欧洲固有优势的结果，而是“这样的一个故事，即一些国家和人民如何从历史偶然事件和地理条件中受益，从而在某一特定时刻（历史转折点）能够支配其他国家并积累财富和力量”。[42]

全球重要议题

另有一类著作和文集，在范围上具有全球性，但探讨的是一些专门议题。这包括世界森林史著作，其中有迈克尔·威廉斯的专著《滥伐地球：从史前到全球危机》。[43] 这是一部权威之作，讲述了人类影响世界各大洲和岛屿的森林的历史进程。威廉斯具有捕捉细节的本领，从而使叙述栩栩如生。譬如，他不仅说制糖业对燃料的需求导致了17世纪西印度群岛的森林滥伐，还报告说巴巴多斯岛要求从英国进口煤来炼糖，因为岛上没有树。又譬如，为了说明在美国对热带雨林破坏的广泛宣传，他回忆起加利福尼亚州比弗利山庄（Beverly Hills）硬石咖啡馆（the Hard Rock Café）上的一块电

95

子广告牌，当它向零闪烁时，上面显示了热带雨林的面积。[44]还有许多好的世界森林文集，如理查德·塔克和约翰·理查兹主编的《全球森林滥伐与19世纪世界经济》，[45]以及莱斯利·斯宾瑟尔、托马斯·赫德兰和罗伯特·贝利主编的《热带森林滥伐：人类维度》。[46]

在火的历史方面，斯蒂芬·派恩向环境史学家贡献了一系列有关世界某些地区的优秀著作，即“火之轮回”丛书及概述性著作《火之简史》和《世界之火：地球上的火文化》。[47]后一著作不仅仅是一部森林大火的历史，还是一部人类与各种形式的火元素打交道的全球史，涉及地质时期火的起源直到推动信息革命和世界市场经济的高科技火焰。派恩还论及人工环境充当燃料的城市，1666年的伦敦和1906年的旧金山即是如此。他阐述了从冶金业的木炭到火药中的火的技术、蒸汽机以及20世纪的矿物燃料，也涵盖了烹饪术、赫拉克利特的火的哲学以及《京都议定书》(the Kyoto Protocol)，一切都置于适当的语境之下，并以在新的千年对火的展望作为结尾。派恩的风格体现了学者平易近人的本质。

在气候方面，约翰·布鲁克提供了一部融合人类历史的气候“大历史”。[48]同样值得注意的是沃尔夫冈·贝林格的《气候文化史》[49]。理查德·格罗夫和约翰·查佩尔主编了引人入胜之作《厄尔尼诺：历史与危机》，[50]

考察了通常称为厄尔尼诺（El Niño）[及其较冷的对手拉尼娜（La Niña）] 的洋流振荡和气温升高对人类历史的世界性影响。虽然厄尔尼诺本身是太平洋上的一种现象，但两位作者指出了它与一种世界体系的联系，包括与北大西洋上类似的振荡和南亚季风的联系。这些因素作为某些历史事件的诱因而得到了考察，譬如食品短缺引起的经济危机以及随之发生的政府倒台等。

96

全球环境史领域的一个主题是研究帝国主义对环境的影响。前面已提到过艾尔弗雷德·克罗斯比的非常值得关注的《生态帝国主义》。[51] 另一部标志性著作是理查德·格罗夫的《绿色帝国主义》。[52] 该书将现代生态思想、资源保护以及环境史的起源追溯至一群专业人士，特别是医学科学家和生物学家，在近代早期他们在荷兰、法国和英国的海上帝国担任文职人员。格罗夫指出了岛屿在环境思想发展中的重要性，因为它们的面积小，这意味着人类行动对其景观的影响会相对快速地显著起来。威廉·贝纳特和洛特·休斯的《环境与帝国》通过广泛的研究勾勒了现代欧洲帝国主义的样貌。[53] 佩德·安克尔的《帝国生态学》探讨了 1895—1945 年间的同一主题，重点强调了新兴的生态科学。[54] 安克尔论及，生态学之所以快速发展，是因为帝国的资助人想用科学工具来控制英帝国内的自然及本土文化。理查德·德雷顿的《自然的统治》[55]也认为，直到1903年，科学在英帝国内充当了帝国主义和种族主义的工具，此外该书还提供了一种哲学背景，从文艺复兴追溯到古希腊的亚里士多德和泰奥弗拉斯托斯。德雷顿强调了植物园在“改善”英国庇护下的世界的作用，尤其是庞大的皇家植物园丘园（Royal Botanic Gardens at Kew）的作用。迪帕克·库马尔的《1857—1905年的科学和英国统治》是关于印度——殖民世界本身的相关主题的研究。[56]约翰·麦肯齐在《自然的帝国与帝国的自然：帝国主义、苏格兰和环境》中探讨了苏格兰及苏格兰人在英帝国环境故事中的重要作用。[57]汤姆·格里菲斯和利比·罗宾主编了一部关于帝国主义和环境的优秀论文集，即《生态与帝国：移民社会的环境史》。[58]

97 许多人所谓的美帝国的环境影响远远超出了美国直接管辖的地区。理查德·塔克在他那部文献翔实的著作中研究了这一主题，该书名为《贪得无厌：美国和热带世界的生态退化》，[59]涵盖了19世纪90年代到20世纪60年代这一时期。塔克描绘了美国商业和政府影响全球温带地区的重要方式。这部著作以被开采的可再生生态资源类型为构架，各章分别论述了糖、香蕉、咖啡、橡胶、牛肉和木材。重点强调的地理区域是拉丁美洲和包括夏威夷、菲律宾与印度尼西亚在内的太平洋岛屿以及西非的利比里亚。塔克描述了所出现的许多发展的不可持续性，还有包括森林滥伐、物种消失、土壤和种植体系紊乱在内的生物枯竭，以及由此导致的其他的环境破坏，包括它对村民和森林居民等人群的影响。虽然作者的探讨四平八稳，但总体画面是由开发造成的生态灾难。

托马斯·邓拉普在写作《自然与英国人的大移居》[60]时采用了一种新颖的方法，用克罗斯比提供的术语来说，可称之为英国和“新英国”即加拿大、美国、澳大利亚和新西兰的环境史。它是一部有关这四个英语国家的自然观念的比较史，从“本土自然”到博物学、生态学和环保主义，一应俱全。

环保运动

还有世界环保运动的历史。蒂莫西·多伊尔和谢里琳·麦格雷戈主编了两卷本综合性著作《世界范围内的环境运动》。[61]拉马昌德拉·古哈在《环保主义：一部全球史》中，[62]对印度、美国、欧洲、巴西、苏联、中国和世界其他角落的环保目标与激进主义的异同做了比较。古哈的历史跨度很大，从民族主义的乡村用语到

98

社会生态学、从维吉尔到诺贝尔奖获得者旺加里·马塔伊*莫不涉及。

近年来，联合国环境规划署（The United Nations Environment Programme）和其他有关资源保护与可持续发展的政府与非政府国际机构的设立，为历史学家开辟了一个崭新的领域。约翰·麦考密克撰写了篇幅长达一本书的研究报告，即《再造天堂：全球环保运动》，[63]强调了环保运动的国际内容，从1945年联合国的成立到1987年布伦特兰委员会（the Brundtland Commission）的报告均有涉及。卡罗琳·麦钱特撰写了《激进生态学：寻找宜居世界》，主题是这样一种观点，即技术和财政措施并不能带来全球环境问题和生态意识所要求的更深层的变化。[64]该书的部分章节论述了深生态学（deep ecology）、社会生态学（social ecology）、绿色政治（Green politics）和生态女性主义（ecofeminism），还描述了现代激进主义运动，如地球第一！（Earth First!）、抱树运动以及原住民的雨林行动组织等。

* 旺加里·马塔伊（Wangari Muta Maathai，1940— ），肯尼亚社会活动家，2004年诺贝尔和平奖得主，绿带运动和非洲减债运动联盟的发起人。

世界史教材

环境历史在世界史教材中的地位日益突出。约翰·麦克尼尔声称，人类—环境关系模式是20世纪历史中最重要的方面；[65]而且可以说，在之前的几个世纪，即使缺乏这一意识，这也是相对正确的。20世纪的世界史教材可能除了史前时期和20世纪晚期的章节外，鲜少关注环境问题。但是在现在，越来越多的环境史学家被列为合著者，而且有证据表明，他们的观点在部分（但不是全部）书籍的整个时间框架内得到了反映，这些书籍对本科一代的教育十分重要。我作为讲授世界史课程的一名教师，虽然尚未发现一部可以全力推荐的教材，但也注意到了进步。由于每年都有新版教材问世，因此教师必须认真考察，才能作出最佳选择。

近代以来，几乎每一部世界史教材的主题都是“发展”。这个词无处不在，通常以“文明的发展”（The Development of Civilization）这样的标题出现。[66]这个词几乎从来没有被人们定义过，也没有作为一项编排原则被论证过。它被视为一种毋庸置疑的好东西。通常讲述的故事以一种近乎凯旋式的进步，将人类从一个层次的经济、社会组织带到下一个层次。即使“发展”没

99

有定义，但很明显它的意思就是由技术发展所推动的经济增长。虽然世界史教材描述了艺术和科学的成就，但它们所认为的发展目标显然不是比荷马史诗更好的文学作品，比拉斯科岩洞壁画更胜一筹的绘画，甚至物理学中超越爱因斯坦理论的发现，而是工厂、能源设施、金融机构的创建，以及为了人类的目标而不断增强对地球资源的利用。至于环境，发展的故事大多忽视了生物和非生物世界。一个国家要想在发展中取得成功，就必须充分利用自然资源，将森林转化为木材，将煤炭和铁矿转化为钢铁。在这一过程中，空气会受到更严重的污染，河流也会因侵蚀和废弃物而变得更加不堪重负。环保主义者和开发商同样认为保护环境就要遏制发展；要发展通常就会——即使也许并非必然——使环境退化。人类意识到它们普遍不相容，又似乎想要两者兼得。新的世界历史叙述必须将生态进程作为主要论题。它必须将人类事件置于它们实际发生的环境之中，那就是生态圈（the ecosphere）。世界历史的故事，如果要均衡与精确的话，就必然要考虑自然环境，以及它既影响人类活动又受人类活动影响的种种方式。生态过程是一个动态的概念。它意味着人类与自然环境的相互关系经历着不断的变化，一些是建设性的，一些是破坏性的。这些变化使得环境史在解释人类与自然目前面临的困境方面与生态科学一样必要。

小结

100

最终，未来的世界环境史学家将会发现，他们越来越需要解释世界市场经济及其对全球环境的影响这一背景。一些超国家机构扬言要抑制资源保护行动，虽然是为了推动所谓的可持续发展，但它们实际想要的是不受限制的经济增长。环境经济学家批评这一趋势的文献日益增多，包括罗伯特·康斯坦萨、赫尔曼·戴利、希拉里·弗伦奇和詹姆斯·奥康纳等人的著作。[67] 这可能会让历史学家认识到，由于他们需要长期、艰苦地考察自由贸易制度对人类社会及生物圈（the biosphere）的影响，因此他们的研究领域具有国际景象。在约翰·麦克尼尔、何塞·奥古斯托·帕杜亚和马赫什·兰加拉詹主编的《仿佛自然存在的环境史》中，可以看到大量的生态经济学方面的优秀论文，[68] 希望这将成为 21 世纪环境史的一个重要主题。

1　这一短语取自乔尔·塔尔著作的标题：Joel Tarr, *The Search for the Ultimate Sink: Urban Pollution in Historical Perspective.* Akron, OH: Akron University Press, 1996。

2　William L. Thomas, Jr., ed., *Man's Role in Changing the Face of the Earth.*

Chicago and London: University of Chicago Press, 1956.

3 William Moy Stratton Russell, *Man, Nature, and History: Controlling the Environment*. New York: Natural History Press for the American Museum of Natural History, 1969.

4 B. L. Turner, William C. Clark, Robert W. Kates, John F. Richards, Jessica T. Mathews, and William B. Meyer, eds. 1990. *The Earth as Transformed by Human Action: Global and Regional Changes in the Biosphere over the Past 300 Years*. Cambridge: Cambridge University Press.

5 Alfred W. Crosby, *The Columbian Exchange: Biological and consequences of 1492*.Westport, CT: Greenwood Press, 1972. 增订本出版社及出版时间为 Westport, CT: Praeger Publishers, 2003。

6 Alfred W. Crosby, *Ecological Imperialism: The Biological Expansion of Europe, 900–1900*. Cambridge: Cambridge University Press, 2004; 1st edn. 1986. 还可参见：*Germs, Seeds, and Animals: Studies in Ecological History*. Armok, NY: M. E. Sharpe, 1994。

7 Arnold Joseph Toynbee, *Mankind and Mother Earth: A Narrative History of the World*. New York: Oxford University Press, 1976.

8 Arnold Joseph Toynbee, *A Study of History*, 12 vols. London: Oxford University Press, 1934–61.

9 I. G. Simmons, *Changing the Face of the Earth: Culture, Environment, History*. Oxford: Blackwell, 1989; *Environmental History: A Concise Introduction*. Oxford: Blackwell, 1993.

10 Ian Gordon Simmons, *Global Environmental History*. Chicago: University of Chicago Press, 2008.

11 Andrew Goudie, *The Human Impact on the Natural Environment*. Cambridge, MA: MIT Press, 1990.

12 Annette Manion, *Global Environmental Change: A Natural and Cultural History*. Harlow: Longman, 1991.

13 Stephen Boyden, *Biohistory: The Interplay between Human Society and the Biosphere*. Paris: UNESCO, 1992.

14 Jared Diamond, *Guns, Germs and Steel: The Fates of Human Societies*. New York: W. W. Norton, 1997.

15 Jared Diamond, *Collapse: How Societies Choose to Fail or Succeed*, New York: Viking, 2005.

16 Patricia A. McAnany and Norman Yoffee, eds., *Questioning Collapse: Human Resilience, Ecological Vulnerability, and the Aftermath of Empire*.

Cambridge: Cambridge University Press, 2009.

17　Clive Ponting, *A Green History of the World: The Environment and the Collapse of Great Civilizations*. New York: St. Martin's Press, 1991.

18　Mark Cioc, Björn-Olan Linner, and Matt Osborn, "Environmental History Writing in Northern Europe," *Environmental History* 5, 3(July 2000): 396–406. 这是一份带有提示性的关于环境史著述的考察，本段即以此为基础。

19　Sverker Sörlin and Anders Öckerman, *Jorden en Ö: En Global Miljöhistria* (*Earth an Island: A Global Environmental History*). Stockholm: Natur och Kultur, 1998.

20　Hilde Ibsen, *Menneskets fotavtrzkk: En Oekologisk verdenshorie*. Oslo: Tano Aschehoug, 1997.

21　Joachim Radkau, *Natur und Macht: eine Weltgeschichte der Umwelt*. Munich: C. H. Beck, 2000.

22　J. Donald Hughes, *An Environmental History of the World: Humankind's Changing Role in the Community of Life*. London and New York: Routledge, 2001.

23　Sing C. Chew, *World Ecological Degradation: Accumulation, Urbanization, and Deforestation, 3000 B. C.–A. D. 2000*. Walnut Creek, CA: Rowman and Littlefield, 2001.

24　Chew, *World Ecological Degradation*, p. 172.

25　Stephen Mosley, *The Environment in World History*. London: Routledge, 2010.

26　Robert B. Marks, "World Environmental History: Nature, Modernity and Power," *Radical History Review* 107 (Spring 2010): 209–24.

27　Lester J. Bilsky, ed., *Historical Ecology: Essays on Environment and Social Change*. Port Washington, NY: Kennikar Press, 1980.

28　Donald Worster, ed., *The Ends of the Earth: Perspectives on Modern Environmental History*. Cambridge: Cambridge University Press, 1988.

29　Worster, The Ends of the Earth, pp. 289–308.

30　J. Donald Houghes, ed., *The Face of the Earth: Environment and World History*. Armonk, NY: M. E. Sharpe, 2000.

31　Jan Oosthoek and Barry K. Gills, *The Globalization of Environmental Crisis*. London: Routledge, 2008.

32　Edmund Burke III and Kenneth Pomeranz, *The Environment and World History*. Berkeley: University of California Press, 2009.

33　Timo Myllyntaus, *Thinking through the Environment: Green Approaches to*

Global History. Cambridge: White Horse Press, 2011.

34 John R. McNeill and Alan Roe, *Global Environmental History: An Introductory Reader*. New York: Routledge, 2013.

35 Erika Marie Baumek, David Kinkela, and Mark Atwood Lawrence, eds., *Nation-States and the Global Environment: New Approaches to International Environmental History.* Oxford: Oxford University Press, 2013.

36 John R. McNeill and Erin Stewart Mauldin, eds., *A Companion to Global Environmental History.* Oxford: Wiley Blackwell, 2012.

37 Alf Hornborg, "Towards a Truly Global Environmental History: A Review Article," *Review: Journal of the Fernand Braudel Center* 33, no. 2 (2010): 295–323.

38 John R. McNeill, *Something New Under the Sun: An Environmental History of the Twentieth-Century World*. New York: W. W. Norton. 2000.

39 McNeill, Something New Under the Sun, p. 4.

40 John F. Richards, *The Unending Frontier: The Environmental History of the Early Modern World.* Berkeley and Los Angeles, CA: University of California Press, 2003.

41 Robert B. Marks, *The Origins of the Modern World: A Global and Ecological Narrative*. Lanham, MD: Rowman & Littlefi eld, 3rd edn. 2015.

42 Marks, *The Origins of the Modern World*, p. 160.

43 Michael Williams, *Deforesting the Earth: From Prehistory to Global Crisis*. Chicago: University of Chicago Press, 2003.

44 Williams, *Deforesting the Earth*, pp. 221, 446.

45 Richard P. Tucker and John F. Richards, eds., *Global Deforestation and Nineteenth-Century World Economy.* Durham, NC: Duke University, 1983.

46 Leslie E. Sponsel, Thomas N. Headland, and Robert C. Bailey, eds., *Tropical Deforestation: The Human Dimension.* New York: Columbia University Press, 1996.

47 Stephen J. Pyne, *Fire: A Brief History*. Seattle: University of Washington Press, 2001; *World Fire: The Culture of Fire on Earth*. Seattle: University of Washington Press, 2010. 关于火这一主题，派恩还做了大量的地区性研究。

48 John L. Brooks, *Climate Change and the Course of Global History: A Rough Journey*. Cambridge: Cambridge University Press, 2014.

49 Wolfgang Behringer, *A Cultural History of Climate*. Cambridge: Polity, 2009.

50 Richard H. Grove and John Chappell, eds., *El Niño: History and Crisis*.

Cambridge: White Horse Press, 2000.

51　Crosby, *Ecological Imperialism*.

52　Richard H. Grove, *Green Imperialism: Colonial Expansion, Tropical Island Edens and the Origins of Environmentalism, 1600–1860*. Cambridge: Cambridge University Press, 1995.

53　William Beinart and Lotte Hughes, *Environment and Empire*. Oxford: Oxford University Press, 2009.

54　Peder Anker, *Imperial Ecology: Environmental Order in the British Empire, 1895–1945*. Cambridge, MA: Harvard University Press, 2001.

55　Richard Drayton, *Nature's Government: Science, Imperial Britain, and the "Improvement" of the World*. New Haven, CT: Yale University Press, 2000.

56　Deepak Kumar, *Science and the Raj, 1857–1905*. Delhi: Oxford University Press, 1995.

57　John M. MacKenzie, *Empires of Nature and the Nature of Empires: Imperialism, Scotland and Environment*. East Linton: Tuckwell Press, 1997.

58　Tom Grffiths and Libby Robin (eds), *Ecology and Empire: Environmental History of Settler Societies*. Edinburgh: Keele University Press, 1997.

59　Richard P. Tucker, *Insatiable Appetite: The United States and the Ecological Degradation of the Tropical World*. Berkeley and Los Angeles, CA: University of California Press, 2000.

60　Thomas Dunlap, *Nature and the English Diaspora: Environment and History in the United States, Canada, Australia, and New Zealand*. Cambridge: Cambridge University Press, 1999.

61　Timothy Doyle and Sherilyn MacGregor, *Environmental Movements Around the World: Shades of Green in Politics and Culture*. Santa Barbara, CA: Praeger, 2013.

62　Ramachandra Guha, *Environmentalism: A Global History*. New York: Longman, 2000.

63　John McCormick, *Reclaiming Paradise: The Global Environmental Movement*. Bloomington, IN: Indiana University Press, 1989.

64　Carolyn Merchant, *Radical Ecology: The Search for a Livable World*. New York: Routledge, 1992.

65　McNeill, *Something New Under the Sun*, p. 3.

66　例如，Harry J. Carroll, Jr., et al., *The Development of Civilization: A Documentary History of Politics, Society, and Thought,* Chicago: Scott, Foreman, 1962, 2 vols。有人可能会反驳说，这个词在一般意义上使用无可厚非，但需要分析它的

修辞作用，以及“发展”这个词在政治话语中的使用，参见 M. Jimmie Killingsworth and Jacqueline S. Palmer, *Eco-speak: Rhetoric and Environmental Politics in America*, Carbondale, IL: Southern Illinois University Press, 1992, 尤其是在第 9 页，“发展主义者”被定义为那些“寻求短期经济收益而无视长期环境代价”的人。

67 Herman E. Daly, *Ecological Economics, Second Edition: Principles and Applications*. Washington, DC: Island Press, 2010; Robert Costanza, John Cumberland, Herman Daly, Robert Goodland, and Richard Norgaard, *An Introduction to Ecological Economics*. Boca Raton, FL: St. Lucie Press, 1997; and Thomas Prugh, Robert Goodland, and Richard B. Norgaard, *Natural Capital and Human Economic Survival*. Boca Raton, FL: Lewis Publishers, 1999; 其他著述有 Hilary French, *Vanishing Borders: Protecting the Planet in the Age of Globalization*. New York: W. W. Norton, 2000; James O'connor, "Is Sustainable Capitalism possible?" in Martin O'Connor, ed., *Is Capitalism Sustainable?: Political Economy and the Politics of Ecology*. New York: Guilford Press, 1994, pp. 15–75; 以及 "The Second contradiction of Capitalism," in *Natural Causes: Essays in Ecological Marxism*. New York: Guilford Press, 1998。

68 John R. McNeill, José Augusto Pádua, and Mahesh Rangarajan, eds. *Environmental History as if Nature Existed: Ecological Economics and Human Well-Being*. New Delhi: Oxford University Press, 2010.（第四章第 129 注也是这一著作，但主编者顺序和著作名称不一样。——译者注）

第六章

环境史的问题与方向

引言

101

环保主义（environmentalism）、专业化（professionalism）、后现代主义（postmodernism）、政治—经济倾向等议题，以及环境退化、环境决定论、人为原因和外部因素哪个更重要等关键的诠释性观念，是人们用来批评环境史的问题，这些问题影响并分化了环境史学家。对这些问题的争论似乎不可能减弱，相反，更有可能的是，进一步的问题会层出不穷。因此，下面对问题的拣选决不可能穷尽一切。有一部讨论了各种各样的主题和方向的论文集值得推荐，这就是《牛津环境史手册》。[1]

专业化

回顾 20 世纪 80 年代以来的环境史领域，我注意到一些似乎可能持续下去的趋势。如同在学术界的大多数地方那样，专业化在这里取得了重大进展。虽然环境史学家比其他历史学家更有可能从事跨学科研究，但他们现在是更严格意义上的历史学家。这表现为该分支学科在历史专业中得到了更大程度的认可，但希望这一认可不会让人沾沾自喜。这可能对环境史本身并不利，因为环境史本质上是一门跨学科的学科，它是由不同领域的学者之间交流促进而产生的。要振兴使环境史诞生的跨学科努力可能会比较困难，因为这一努力所涉及的人类知识类型包括的某些东西，位于自然科学与人文科学之间众所周知的文化鸿沟的对立面，[2]但如果环境史学家不想被孤立在专业化的孤岛上，那么这一努力就是不可避免的。如果有一种感觉，认为那些没有受过史家基本训练的学者，不能像环境史学家那样取得令人满意的成就，那就更不幸了。对于与其他学科的交流，美国环境史学会会长斯蒂芬·派恩则持欢迎态度：

当美国环境史学会的成员谈到“环境史”时，他们指的是通常在学院中由职业历史学家研究的历史，但也有可能体现作为公众史学家的超然职责。然而，环境吸引了许多学者，他们越来越多地从历史的角度构思这一主题。人类学家、地理学家、考古学家、林学家——所有这些人都在整合或重新发现历史与自然之间的联系。

就连生态学也像地质学一样，正在成为（即使勉强）一门历史科学。每一群体都在按自己的方式界定这一主题，不理会其他群体在方法上的鼓噪。他们共同挑战环境史，补充环境史，并为学术拓殖提供了机会。[3]

前面章节对著述的考察已充分证明，许多环境史佳作并非仅出自历史学家之手，而历史地理学、生态学及其他学科对环境史做出了巨大的贡献。

渲染

在近年来的环境史著述中，人们感觉到环境渲染比20世纪六七十年代要少。约翰·奥佩曾称之为“渲染的幽灵”，因为环境史学家很可能因渲染环保主义者的观点在史学界受到怀疑。[4]这一说法可能只得到了部分认可；作为公民，环境史学家个人既参与了如保护印第安纳沙丘（the Indiana Dunes）和大峡谷（the Grand Canyon）这样的地方运动以及反污染的全国运动，也参与了世界野生动物基金会（The World Wildlife Fund）那样的国际非政府组织。大约2000年以来，许多人都公开关注与全球变暖有关的问题。但环境史学家

103

从一开始就非常谨慎，不允许其信条扭曲他们对历史方法的认真使用。今天，不信任已经没有多大理由了。环境史学家坚守客观性原则（或许有时候他们在试图避免产生偏见时有些矫枉过正），并且很可能像批评环保人士的对手那样批评环保人士。在讨论这一现象时，约翰·麦克尼尔注意到，政治参与在欧美环境史学家中呈减弱趋势，而在印度和拉丁美洲仍保持强劲势头。[5]毋庸置疑，今天许多环境史学家在积极意义上意识到，他们的研究领域与环保运动有着共同的根源；作为公民，他们与这一运动有着共同的目标。奥佩还提醒他的读者，渲染有一定的好处，全然避免它，可能就回避了重要的伦理问题。是非分明并不意味着不客观。一些最受尊敬的环境史学家很好地诠释了这一事实，当他们根据伦理来理解历史从而对某些行动提出建议并对其他行动提出警告时，他们会毫不犹豫地这样说。威廉·克罗农在《环境史的作用》一文中指出，环境史学家期望为决策者提供信息，这是在正确地发挥他们的作用。[6]环境史文献中，唐纳德·沃斯特的《自然的财富：环境史与生态想象》是一部不乏渲染的佳作。[7]该书由一系列写得很漂亮的文章组成，其中每一篇几乎都是在号召人们理解并行动起来，这是有细致考察的历史作为基础的，还渗透着对人类价值的钟爱以及对自然界及其生灵的由衷欣赏。为品尝这种渲染的韵味，花点工夫读读其中的一段是很值得的：

我们周围这个百花争艳、虫鸟齐鸣、风云变幻的自然界，在人类生活中永远是一支力量。今天它依然如此，尽管我们使出浑身解数企图摆脱我们对它的依赖，尽管我们常常不愿承认我们的依赖，直至为时已晚，危机四伏。环境史的目的是让我们重新意识到自然的重要性，并借助现代科学去发现有关我们自己和我们历史的一些新的真相。我们在许多地方都需要这种认识：譬如，在小小的海地，那里长期以来遭受不幸，陷入了贫穷、疾病和土壤退化的困境；在婆罗洲的热带雨林，它们已经从传统的部落制过渡到现代企业所有和管理。在这两个例子中，人民与土地的命运如同在美国大平原上表现出来的那样紧密相连，而且皆因世界市场经济产生或加剧了生态问题。无论环境史学家选择研究哪一领域，他都不得不面对人类如何在不破坏基本生活来源的情况下养活自己这一由来已久的困境。今天像以往一样，这个问题在人类生态学中仍然是根本的挑战；要解决这个问题就需要充分了解地球——了解它的历史，了解它的限度。[8]

环境决定论

常常用来指责环境史学家的是环境决定论；这是一种理论主张，认为历史不可避免地受某些既非源自人类也不听从人类选择的力量的支配。强调气候和流行病作用的研究尤其遭到了这种批评。然而，环境史的基本概念是人类社会和自然环境相互作用的历史。在人类与自然的相互关系中哪一方更具支配性或影响更大，环境史学家对这一问题的看法大相径庭；其实，他们对于这一主题有一系列主张，从一个极端到另一个极端不一而足。譬如，在这光谱中接近环境决定论者一端的是贾雷德·戴蒙德，他有医学和人类学背景，教授地理，但他承认自己是一位环境史学家。他论证了人类社会根植于自然母体的程度。通过对环境作用的强调，他反对某些人类群体在身体或智力上优于其他群体的主张。人类群体是通过创造性地处理由他们的特定环境呈现给他们的因素而相应地发展起来的。处于这光谱另一端的是威廉·克罗农，他主编了一卷本论文集《各持己见：对再造自然的思考》，[9] 与其他作者一起指出，由于人类重塑了整个星球，因此未受干扰的自然已不复存在。他宣称，荒野是一种文化发明。[10] 这不仅仅是说（混合着一

105

种隐喻），无论通过勘探、污染还是管理，人类的干预无处不在，而且是说自然观念本身也是人类的创造；没有文化就无法与自然产生联系。如果说戴蒙德代表了环境决定论，那么克罗农也许代表了文化决定论。然而，他们每个人都认为他是在分析自然与文化之间的互动。戴蒙德论证了人类的选择，克罗农则认为自然确实存在，而且人类文化与自然之间存在有意义的互动。虽然对一个学者来说不偏不倚可能比旗帜鲜明要难，但很多环境史学家发现他们自己还是持折中的立场。

当下主义

其他史学家有时候对环境史提出的另一种批评是当下主义（presentism）。* 这些批评家认为，对环境问题的意识是一种当代现象。“环保主义”一词直到 20 世纪 60 年代才广泛使用，环境史则只是在 20 世纪 70 年代才成为一个公认的分支学科。引发这一研究的动因是对独特的现代问题的反应。因此，环境史将对当今发展和

* 之所以译为“当下主义”，是为了与作为一种文学艺术流派的“现代主义”相区别。张文杰先生所编译著中也有这种译法，见［英］汤因比等著，张文杰编：《历史的话语：现代西方历史哲学译文集》，广西师范大学出版社 2002 年版，第 282 页。

忧虑的解读回溯到人类参与者并未在其中发挥作用也无意识的历史时期，不就是一种站不住脚的企图吗？这种批评的问题在于，它代表着某种反对历史本身的基本观点，不认为历史是一种可用于理解现在的智识努力。现代问题之所以以其现在的形式存在，是因为它们是历史进程的产物。而与自然的关系是人类所面临的最早的挑战。如果不断然否定，就会认识到，游牧部落用肉和毛皮交换农耕村庄的谷物和纺织品是市场经济的先例。古希腊哲学家柏拉图就描述过土壤侵蚀，古罗马诗人贺拉斯（Horace）也曾抱怨城市空气污染。[11] 哥伦布将欧洲人连同其作物、野草、动物还有疾病移到新大陆，在很大程度上解释了美洲的历史和现状。[12] 研究历史上环境力量对人类社会的作用以及人类活动对环境的影响，为认识当代世界的困境提供了必要的视角。[13]

衰败主义叙述

还有另一种批评，说环境史学家撰写的著作往往是"衰败主义"（declensionist）叙事；也就是说，他们描述的是有益的环境状况因人类活动结果而日益恶化的过程。有一位批评家是泰德·斯坦伯格，他写了一篇文章，题为“下降，下降，下降，不再下降：环境史超越衰败了”。[14] 举一个体现衰败主义叙述的例子，这是根据埃莉诺·梅尔维尔的著述作出的令人信服的解释，墨西哥的梅斯基塔尔山谷在前哥伦布时代的奥拓米人（Otomi）耕种时，是一片高产的农业区，后因过度牧养西班牙绵羊，变成“一片简直令人难以置信的不毛之地，以贫瘠、原住民的穷困以及大土地所有者的榨取而著称”。[15] 另一部典型的环境史著作，即沃伦·迪安的《因为大斧和火把》写道，从欧洲人发现时代起直至现在，巴西大西洋沿岸地区生物丰富的热带森林不断被砍伐。[16] 今天这些森林显得七零八落，虽然表面上受巴西法律的保护，但仍遭受着破坏。当破坏向世界范围扩展时，这种区域性的例子就变成一个全球退化的故事，而且很难避免对全球灾难的预测，在涉及全球变暖等现象时更是如此。既然破坏的过程仍在继续，而且在规模上呈指数增长，那么推断未来会大难临头似乎就是合乎逻辑的。衰败主义叙述甚至可能具有警示价值。在中世纪，教会灌输末世论，包括对俗世秩序的废除以及对灵魂的最后审判，被认为是为了恐吓信徒，使之循规蹈矩。环境灾变论仅仅是世界历史上宗教末世论的世俗替代品吗？诚然，由于先前冒着风险描述未来事件的历史学家往往被证明是大错特错的——看看 H. G. 威尔

107

斯吧，他预言过第一次世界大战后的世界秩序和持久和平，[17]因此历史学家普遍像逃避瘟疫一样对未来讳莫如深，环境史学家也不例外。一般来说，即使他们私下里认为最坏的事情会发生，他们也只打算描述已发生过的事情，而让读者去做推测。不过，有时他们也会动摇这一决心。[18]如果说历史的实践者普遍认为历史排除了许多形式的预测，那么科学的有效性就必须通过其预测的准确性来检验，而在历史学的各分支领域，环境史也许是唯一对科学的洞察力敞开大门的领域。更为复杂的是，与环境史最相关的科学是生态学，而生态学是一门历史科学；在这门科学中，即使不是不可靠，也很难作出预测。然而，环境史学家敏锐地意识到了这一难题，这样，毫无根据的灾变说指责基本上是不必要的。对衰败主义叙述的批评，很大程度上可以这样来回应，即，作为人类活动结果的全球环境退化，在许多情况下其实是通过仔细的研究揭示出来的。否则，就是无稽之谈。

108

政治—经济理论

环境史学家与一般历史学家一样，有时候也被指责理论水平不足。虽然有些明显的例外，如麦钱特在《生态革命的理论结构》中作过理论分析，[19]加吉尔和古哈在“生态史理论”中同样如此，[20]但是这样的指责或许具有合理性。社会学家、经济学家詹姆斯·奥康纳是环境史的一位最尖锐、最具激励作用的批评家，他在1998年发表《什么是环境史？为什么要环境史？》一文，与其他相关论文一起收入了《自然的理由》文集。[21]他在该文责备环境史学家没有意识到他们的那种历史多么具有革命性。奥康纳认为：

> 可以将环境史视为先前存在的各种历史的顶点——假如在严格定义的环境史之外，我们还将当今政治史、经济史和文化史的环境维度都包括在内。环境史远非许多历史学家仍然认为的边缘学科，它是（或应该是）当今史学的核心。

他含蓄的批评是，环境史学家要么没有意识到，要么即使意识到了也没有阐明他们的努力在理论上具有怎样的必要性及革命性。环境史将历史置于实际笼罩着它的情境之中：自然界的物质实体以及文明的物质基础和限度。虽然“可持续性”（sustainability）一直被视为一种需求，但这个词的令人满意的生态学定义是难以捉摸的。奥康纳问可持续的资本主义是否可能，答案是不可能的，因为资本主义需要利润与积累，而这只有在破坏生态系统并消耗自然资源的增长条件下才有可能。简言之，这就是奥康纳所说的“资本主义的第二重矛盾”（The Second Contradiction of Capitalism）。[22] 奥康纳的批评者会指出，他是一位马克思主义者，可想而知会抨击资本主义。但他的批评也延伸到了马克思。马克思在前生态学时代著书立说，并不欣赏自然经济体系（nature's economy）的生产力的根本作用。其结果，正如奥康纳指出的，“历史唯物主义也不够唯物。”[23] 面对这双重矛盾，他忠告环境史学家要认识到他们的行业：

109

> 将会发展出政治史、经济史和社会史——更广泛、更深刻、更具包容性……人们可以肯定，未来一代代史学家不仅会根据新问题、新技术、新材料等，而且会根据今天的环境史促成的政治史、经济史和社会史本身的革命，来重新解释环境史，甚至革新环境史。[24]

下一组问题

环境史学家认识到了许多值得加倍关注的问题，对将来的研究来说，在这些领域需求与机遇并存。譬如，在2005年1月那期《环境史》中有一个专题论坛，主题是“环境史下一步研究什么?”。[25]其中包括29位并非全都来自美国的著名环境史学家的短文，论述了他们察觉的在目前和不远的将来这一领域的发展方向，并对撰述提出了建议。约翰·麦克尼尔在一篇文章中——不在上述那组文章之列，将这些问题称为“人迹罕至的小径”[paths not (much) taken]；[26]在他看来，它们包括军事维度、土壤的历史、采矿业、移居，还有海洋环境史。我将对其中一些进行评论，首先从我认为对未来几十年的环境和环保主义最重要的主题中选择一些。它们是人口增长、地方社区对自身环境权限的下降、能源及能源资源的历史以及生物多样性的丧失等。接下来，我将从各位同仁的文章提到的许多主题中选出一些，以飨读者。

人口增长

虽然在环境史学家的许多叙述中人口是一个无法回避的要素，但他们对是否直接针对它还犹豫不决。个中缘由并不难寻：将人口增长作为环境退化的一个主要原因，可能容易使作者面临种族主义或马尔萨斯人口论的指控——其主张是，人口增长必然会超过为维持它所需的食品生产的负荷。但历史的趋势是清晰可辨的。一万 110

年以前，地球上只有500万到1000万人。2011年10月31日，联合国庆祝了第70亿个人的诞生日；后来，联合国保守地预测，到2050年全球人口将达到96亿，净增人口中有百分之九十以上是在发展中国家，主要是在非洲。人口增长是造成环境破坏的最强大动因。迅速增长的人口加大了人类对环境的影响，使变化发生得更快。在一片森林附近，一个村庄使用的木材可能很少，这样它就可以永续利用，倘若有十个村庄使用，则会超出木材的可持续出产，并在十年内将这片林子毁灭殆尽。这并非假设，在热带地区这样的情况屡见不鲜。

在比较贫穷的国家，人均破坏相对较少，但是，当人口成百上千万或几十亿地增加时，即使每个人消耗的资源量小，其总量也是巨大的，况且他们能够负担的恢复措施更少。在工业国家，每个居民的环境足迹都比较深，因此，即使少量的人口增长，也相应地会造成较大的影响。近来人口增长的比率在下降，据认为是因为卫生和教育的进步、有效的出生控制、生活标准的提高以及妇女在生育决策中参与的增强。但发展中国家的人口膨胀会部分抵消这些积极因素。一旦这一情况出现，联合国的预测结果确实就显得很保守。环境历史中有前车之鉴。正如在公元650年到850年间的南部玛雅低地以及1300年之前的两个世纪里欧洲所发生的那样，当人口增加突破资源界限的时候，随之而来的便是社会崩坏和许多定居点的遗弃。如果没有抑制人口增长的措施，以及对污染和资源利用的控制，那么，在21世纪后期或稍晚一些时候，人口的崩溃颇有可能发生。人口激增和崩溃的历史需要环境史学家关注。比约恩—奥拉·林奈在《马尔萨斯的回归》[27]一书中，对“新马尔萨斯人口论”作了精彩的论述。奥蒂斯·格雷厄姆写了一部关于二战后美国的教材，强调了人口、资源和环境。[28]

决策范围

文化与自然之间关系的进程很大程度上取决于环境决策的范围。地方社区对其环境会发生什么变化有自己的选择吗？或者说，执行的决策是在国家、区域还是全球作出的？纵观历史，这种趋势的方向似乎明白无误，因此环境史学家有必要对其进程进行考察。当大量的国际机构改变了世界市场经济的时候，业已被国家权力和殖民势力削弱的地方决策进一步笼罩在20世纪全球力量的阴影之中。资本主义国家的金融专家建立起一种结构，鼓励自由贸易，并开放世界的再生资源和不可再生资源以供开采。这包括国际货币基金组织和世界银行，还有关税与贸易总协定（The General Agreement on Tariffs and Trade，GATT）。关贸总协定后来成为世界贸易组织，它有160多个成员，几个主要大国都包括在内，声称要对世界经济进行监督。世贸组织致力于无止境的增长，而不强调环境保护。事实上，世贸组织的决议已经取消了国家对被认为有害环境的产品的禁令。

随着全球性机构以及跨国公司越来越强大，许多国家，尤其是第三世界的国家，因殖民帝国的分崩离析以及分离主义运动的接踵而至变得越来越小。它们面对的是强大的、能够筹集巨款的超国家组织，雇员人数大大超过了相关政府的雇员人数，并承诺提供就业机会和其他奖励。然而，当地人很少能胜任这些公司所要求的工作，它们从外地引进工人，而这些人却不认同当地的态度和习惯。在瑙鲁岛的例子中，所有这些因素差不多都起了作用。正如卡尔·麦克丹尼尔和约翰·高迪在《待售的天堂》这部环境史著作中所记述的，在那里，对用作肥料的磷酸盐的开采导致了森林和其他生物群落的毁灭，该岛大部分地区变成不宜居住的荒岛。[29] 在其他地方，政府鼓励出口的计划、木材和其他木制品价格的上涨以及可采伐的森林的耗竭，促使跨国伐木公司找寻新的资源。这对依靠森林为生的当地人造成灾难性的影响。甚至有保护议程的组织也以所谓的“绿色攫取”（green grabbing）方式侵占土地和资源。[30]

城市地区对资源的需求最大，人口的流入也最多，

112

这是有目共睹的。在工业化程度较低的国家，城市发展迅速，贫民窟占了这种增长的很大一部分。例如在开罗，有人实际上是住在墓地和垃圾堆里。在第三世界的特大城市，迅速增长的人口使不足的基础设施不堪重负，这一可见的事实可能会使地方社区这一概念不切实际。大多数未来的技术进步似乎都可能增强反地方的力量。面对这一趋势，环境史学家可以寻找诸如巴西库里提巴市（Curitiba）这样的地方城市规划模式的案例加以研究。在那里，公园、林荫步道、公共交通、垃圾与回收利用系统使之获得生态上的成功，并成为十分宜居之地。

在全球方面，环境史学家可能认为联合国的规划值得进一步研究。有几个机构致力于环境卫生工作，其他一些机构则在限制海洋污染和对鲸鱼的捕杀。联合国教科文组织的"人与生物圈计划"（Man and the Biosphere Program）已建立许多生物保护区，旨在鼓励当地人在缓冲区从事传统的经济活动。联合国环境规划署（The UN Environment Program，UNEP）通过一系列协定促成了国际环境法框架的确立，譬如1987年的《关于消耗臭氧层物质的蒙特利尔议定书》（Montreal Protocol on Substances that Deplete the Ozone Layer），是最成功的国际环境条约之一。

113

能源与资源

在环境史中，能源资源的历史是另一个具有新的研究空间的领域。自工业革命开始以来，人类社会对能源的使用有所增长，但在20世纪，一种前所未有的指数级增长开始出现，并且继续下去。能源利用的环境史就

印度北部的一头训练有素的亚洲象和一条输电线，象征着环境史上不同时期的两种典型的能源形式。作者摄于1994年

是在技术所及的范围内一系列资源被开发的故事。最初的工业燃料是木材，包括木炭，对它的使用加大了对森林资源的需求。[31] 近代早期，欧洲各国政府在察觉到因燃料需求而引发的木材危机萌芽后，出台了一系列法律，旨在确保诸如海军造船等重要用途所需的木材供应。以1669年《法国森林管理条令》（The French Forest Ordinance）为例，正如迈克尔·威廉斯所说，它将林业转变为国家管理经济的一个分支，并限制了木炭的生产。[32]

114

从理论上说木材是一种可再生资源，从木材到不可再生的矿物燃料的转变发生在19世纪后半期。尽管污染在加重，但这一转变或许暂时解救了欧洲的森林。煤炭首先在欧洲和北美成为工业与运输业的主要燃料，接着扩散到世界大部分地区。但在20世纪因内燃机的使用，煤炭的首要地位受到石油和天然气的挑战，到该世纪中期它们赶上甚至超过了煤炭的能量生产。这一时代今天仍在继续，但种种迹象表明，它在21世纪之后将不复存在，这就是在我们考虑未来时，它作为环境史的主题具有重要性的一个突出原因。

环境灾难

灾难是环境史上的突出事件。要严格区分哪些是天灾哪些是人祸，这已经越来越困难了，或许是不可能的。[33] 1986年乌克兰切尔诺贝利核电站爆炸等核事故因人为失误引发，通过环境变化造成难以估量的影响，一部分被影响地区很难说要多久才能再次适于居住或粮食生产。20世纪六七十年代，英国人和美国人在东南亚使用了强力除草剂和落叶剂，目的是破坏森林和农作物，同时也破坏了生态系统。

瘟疫，虽然是自然发生的，包括与野生动物的接触，但它们在人群中传播是由人类活动决定的。火山和海啸是自然现象，但它们的破坏往往是由于将家园和基础设施安置在已知的危险地区的决定造成的。例如，日本将福岛核电站设在海岸附近，意大利人继续在有可能被未来维苏威火山爆发毁坏的区域内建造房屋。正如克雷格·科尔滕在一部关于奥尔良的著作《强风暴的危险之地》中描绘的，搬到一个有潜在危险又很难防范的地区是愚蠢的行为。[34]

115

灾难可能来自环境危机；由于环境危机，譬如污染、森林滥伐、战争的环境后果，甚至气候变化等是慢慢累积的，因此它们有时会被忽视，并导致针对穷人的暴力和社会冲突，这种观点主张是罗布·尼克松的《慢暴力》一书的主题。[35] 关于这一主题的早期论文收录在《暴力环境》中。[36] 罗伯特·埃米特·赫纳恩的《借来的地球》提供了15个现代大灾难的案例研究。[37]最近的一组关于历史上环境灾难的论文，可以在卡特林和尼基·菲弗主编的《自然之力与文化回应》中找到。[38]

生物多样性

另一个主题是构成地球上生物多样性的物种大乐团的保存或毁灭，这虽然没有逃过环境史学家的注意，但迫切需要进一步的研究。人类在与无数种动植物的互动中形成了自己的身体和意识，塑造了诸如狩猎和农耕的历史发展。人类活动既减少了物种的数量，也减少了大多数物种内部个体生物的数量，由此破坏了生物多样性以及生态系统的复杂性。这种情况一直在发生，从古罗马人为斗兽场而对动物加以围捕，约翰·理查兹在《连绵不断的边疆》[39]中描述的近代欧洲人的商业性的“全球猎杀”，发展到目前栖息地的破坏、渔业和鲸鱼种群的枯竭，以及为了野味（bush meat）而在非洲和印度尼西亚对大猩猩和黑猩猩等类人猿的残杀。到20世纪末，物种灭绝的规模已达到只有地质纪录中的大灾难才能与之相比的地步。近些年来，科学家和作家已经认识到生物多样性的危机。人们常常担心单个物种面临的危险，譬如美国西北部的斑点猫头鹰、中国的大熊猫、印

116

度和西伯利亚的老虎以及非洲的大象、犀牛和狮子。这些都是高度引人注目的标志性物种，但每一种情况下，真正的问题是每一物种所属的生态系统在缩小。这一过程被称作“栖息地的破坏”，但实际上是生命群落的碎片化，因为这些群落随着面积缩小并放弃许多物种而失去了自身的复杂性。随着最后的荒野让位于林场、工业化农业、露天矿场、发电厂以及城市的无序扩展，经济从野生自然中获取的补贴可能即将告罄。[40] 需要认识这一情况对人类历史的影响。

中国四川省卧龙大熊猫研究中心的大熊猫。试图保护并恢复诸如此类的濒危物种是资源保护运动在 20 世纪的一大发展。作者摄于 1988 年

生态修复

生态修复是这样一种主张，即由于种种干扰，比如植被的消除、本地动物物种的灭杀、化学品的散布或农业的失败尝试等，生态系统遭到严重妨碍的地区，可以通过积极的人为努力与自然恢复作用的配合修复到更好的状态。问题是，在这样的规划中，修复的目标是什么状态？是想象的人类介入前未受干扰的自然？或者是原住民生活和狩猎的时代？抑或是一个资源丰富、旅游业

117

莫桑比克的戈龙戈萨国家公园（Gorongosa National Park），在长期的内战中满目疮痍，人们被杀害和流离失所，很多野生动物大大减少。现在，生物多样性和当地社区正在得到恢复。作者摄于2012年

带来收入的丰裕时期？即使任何恢复的努力都可能无法重建以前的一些生态系统结构，环境史也还是能提供成功和失败的例子以资借鉴，并且可以通过研究过去存在的实际情况作为修复计划的基准。

对生态修复史的研究，有威廉·乔丹和乔治·卢比克的《使大自然完整》以及马尔库斯·霍尔的《地球的修复》，书中阐明了意大利和美国的情况。[41] 伊曼纽尔·克里克在《纳米比亚的毁林与再造》中另辟蹊径，认识到环境史的复杂性，人们公认的生态退化观点并没有得到经验变化的证实。[42] 在纳米比亚，砍伐森林不但没有带来灾难，反而是在当地人种植果树和其他理想的植物后创造了另一番富饶的生态景象。

118

进化与生物技术

2003 年，历史学家埃德蒙·拉塞尔写了《进化史：对一个新领域的说明》，[43] 后来又在 2011 年出版了一部同一主题著作；[44] 他在其中指出，除几位学者外，环境史学家对生物学的运用过于狭窄。他说，他们已经注意到了生态学，但几乎忽略了进化。这并不是因为他们对物竞天择的进化观念有异议，像 21 世纪所有在科学上见多识广的学者一样，他们接受达尔文的物竞天择的基本思想，将其视作解释物种起源与演变的最合理方式。但是，像达尔文一样，他们中的许多人认为进化是一个缓慢的过程，涉及漫长的地质时期（历史时间之外）中的细微变化，因此不太可能在人类的一生或几代人的时间尺度上影响历史。这种态度现在已经过时了。正如生物学家彼得·格兰特和罗斯玛丽·格兰特对加拉帕哥斯群岛（the Galápagos Archipelago）大达芙尼岛（Daphne Major）上达尔文雀的研究所显示的那样，物竞天择的进化比达尔文想象的要快得多。[45]达尔文仔细研究过在相对较短的时间范围内培养了鸽子和狗之类的家禽家畜品种的人工选择。现在很明显，人类因使用杀虫剂和抗生素无意中加速了进化。敏感的生物被杀死，有抵抗力的生物未受伤害，这样，人类就使得适应性最强的动植物品种幸存下来，它们抵挡住了我们为保护作物和我们自身而用来针对它们的武器。这在经济和卫生领域造成了相当严重的后果。在二战后的岁月里DDT成效显著，但昆虫也进化出抗体，现在我们只好使用短时效的其他化学制品。葡萄球菌的存在嘲笑了（隐喻性地）盘尼西林。

达尔文进化论的方面就谈到这里。不过在今天，孟德尔提出的某种历史力量的作用同样巨大，甚至更大。既然人类认识了遗传的基因准则，能够操纵基因来生产“设计作物”（designer crops），那么人们便可以避免繁琐的

新西兰南岛上的绵羊。新西兰的一个重大的环境变化是绵羊饲养改变了景观，绵羊的数量远远超过了人类。作者摄于 2000 年

选择过程。基因工程师正在制造各种各样活生生的物种，那是物竞天择未曾创造并且可能永远也造不出来的。生物技术将会对文化和自然同样产生影响，环境史学家将解释那些影响，其他学者抑或不得不作出自己的应对。[46]

大洋与大海

南非历史学家兰斯·范·斯塔特呼吁环境史学家关注他所谓的全球的“其他十分之七”。[47] 海洋是地球表面的主要组成部分，在生物圈中占的比例更大。仅太平洋就占了地球的三分之一。人类一直在利用这个巨大的咸水体，包括运输、贸易、渔业和其他的对包括鲸在内的海洋生物的消费以及资源开采。某些人类社会实际上以海洋为生。回顾历史我们知道，海洋是生命起源的地方，是向岛屿移居的路线，是发现、殖民和奴役的通道。它们考验甚至杀死了航海家，还是旋风、台风和飓风等名目繁多的风暴的滋生地。各国都宣称对海洋拥有主权，国际谈判制定了海洋法。污染、过度捕捞、物种灭绝以及珊瑚礁的破坏等危险，已引起广泛关注。

120

位于印度卡纳塔克邦北卡纳达县吉姆达（Kumta, Uttara Kannada, Karnataka）附近的阿加纳西尼河（the Aganashini River）河口的红树林。红树林为鱼的产卵提供了重要的隐蔽处，但在世界上许多地方，红树林因养虾业和其他开发而正在消失。作者摄于 1997 年

海洋提供了如此广阔的研究机会，环境史学家却没有为它花费更多的笔墨，这是令人失望的。事实上，他们常常将“陆地”（land）和“陆上景观”（landscape）视作整个环境的同义词。像费尔南·布罗代尔的《地中海世界》[48]这样的著作，其实是关于海洋周围的陆地的历史。也有值得称赞的例外，包括亚瑟·麦克沃伊的《渔民的问题》[49]这样的著作。波尔·霍尔姆、蒂姆·史密斯和戴维·斯塔基合编了一部著作，即《被开发的海洋：海洋环境史的新方向》。[50]但是，仍有待书写一部概要性的海洋环境史。

121

小结

最先引起环境史学家关注的全球环境问题无论在强度还是在数量上都有所增加，环境史的诠释价值也已得到广泛的认可。自然与文化是相互渗透的概念，彼此割裂是无法理解的。此外值得注意的是，自1980年以来的几十年里，从事环境史研究与撰写的学者，尤其是年轻学者的数量呈指数增长，拥有这样的学者团体的国家名单也在加长。在21世纪余下的岁月里，环境史似乎肯定会继续影响着历史的撰述。正如艾伦·斯特劳德在一篇文章中调侃的那样，环境史并不仅仅是历史学的一个分支，还是为每一位史学家准备的诠释工具，“如果其他史学家能和我们一起关注泥土、水、空气、树木以及动物（包括人类）的物理、生物和生态属性，他们就会发现自己对过去产生了新的问题并找到了新的答案。”[51]

1　Andrew Isenberg, ed., *The Oxford Handbook of Environmental History*. Oxford: Oxford University Press, 2014.

2　Donald Worster, “The Two Cultures Revisited: Environmental History and the Environmental Sciences,” *Environment and History* 2, no. 1 (February 1996): 3–14.

3　Steven Pyne, “Environmental History without Historians,” *Environmental History* 10, no. 1 (January 2005): 72–4. 引文在第 72 页。

4　John Opie, “Environmental History: Pitfalls and Opportunities,” *Environmental Review* 7, 1 (Spring 1983): 8–16.

5　J. R. Mcneill, “Observations on the Nature and Culture of Environmental History,” *History and Theory* 42 (December 2003): 5–43, 参见 p.34。

6　William Cronon, “The Uses of Environmental History,” *Environmental History Review* 17, no. 3 (Fall 1993): 1–22.

7　Donald Worster, *The Wealth of Nature: Environmental History and the Ecological Imagination*. New York: Oxford University Press, 1993.

8　Worster, *The Wealth of Nature*, p. 63.

9　William Cronon (ed.), *Uncommon Ground: Toward Reinventing Nature*. New York: W. W. Norton, 1995.

10　Cronon, *Uncommon Ground*, p. 70.

11　J. Donald Hughes, *Pan's Travail: Environmental Problems of the Ancient Greeks and Romans*. Johns Hopkins University Press, 1994, pp. 73, 149.

12　Alfred W. Crosby, *The Columbian Exchange: Biological and Cultural Consequences of 1492*. Westport, CT: Greenwood Press, 1792.

13 参见 Donald Worster, "The Vulnerable Earth: Toward a Planetary History" and "Doing Environmental History," in *The Ends of the Earth: Perspectives on Modern Environmental History*. Cambridge: Cambridge University Press, 1988, pp. 3–22, 289–308。

14 Ted Steinberg, "Down, Down, Down, No More: Environmental History Moves Beyond Declension," *Journal of the Early Republic* 24, no. 2 (Summer 2004): 260–6.

15 Elinor Melville, *A Plague of Sheep: Environmental Consequences of the Conquest of Mexico*. Cambridge: Cambridge University Press, 1997, p. 17.

16 Warren Dean, *With Broadax and Firebrand: The Destruction of the Brazilian Atlantic Forest.* Berkeley and Los Angeles, CA: University of California Press, 1995.

17 H. G. Wells, *The Outline of History,* 2 vols. New York: Macmillan, 1920.

18 Chris H. Lewis, "Telling Stories about the Future: Environmental History and Apocalyptic Science," *Environmental History Review* 17, no.3 (Fall 1993): 43–60.

19 Carolyn Merchant in "The Theoretical Structure of Ecological Revolutions," *Environmental Review* 11, no. 4 (Winter 1987): 265–74; Carolyn Merchant, *Ecological Revolutions: Nature, Gender, and Science in New England.* Chapel Hill: University of North Carolina Press, 1989.

20 Madhav Gadgil and Ramachandra Guha, "A Theory of Ecological History," Part One of *This Fissured Land: An Ecological History of India.* Berkeley and Los Angeles, CA: University of California Press, 1992, pp.9–68.

21 James O'Connor, "What is Environmental History? Why Environmental History?" in O'Connor, ed., *Natural Causes: Essays in Ecological Marxism*. London: Guilford Press, 1998, pp. 48–70.

22 James O'Connor, "The Second Contradiction of Capitalism," in O'Connor, ed., *Natural Causes: Essays in Ecological Marxism*. London: Guilford Press, 1998, pp. 158–77.

23 James O'Connor, "Culture, Nature, and the Materialist Conception of History," in O'Connor, ed., *Natural Causes*, pp. 29–47; 引文在第 43 页。

24 O'Connor, "What is Environmental History?" pp. 65–6.

25 "What's Next for Environmental History?" *Environmental History* 10, no. 1 (January 2005): 30–109.

26 J. R. McNeill, "Observations on the Nature and Culture of Environmental History," *History and Theory* 42 (December 2003): 5–43, especially pp.42–3.

27　Björn-Ola Linnér, *The Return of Malthus: Environmentalism and Post-War Population-Resource Crises*. Stroud, UK: White Horse Press, 2004.

28　Otis Graham, Jr., *A Limited Bounty: The United States Since World War II*. New York: McGraw-Hill, 1995.

29　Carl N. McDaniel and John M. Gowdy, *Paradise for Sale: A Parable of Nature*. Berkeley: University of California Press, 2000.

30　James Fairhead, Melissa Leach, and Ian Scoones, eds., *Green Grabbing: A New Appropriation of Nature*. London: Routledge, 2015.

31　Joachim Radkau, *Wood: A History*. Cambridge: Polity, 2011.

32　Michael Williams, *Deforesting the Earth: From Prehistory to Global Crisis*. Chicago: University of Chicago Press, 2003, 参见 pp.203–4。

33　J. Donald Hughes, "How Natural is a Natural Disaster?," *Capitalism, Nature, Socialism* 23, no. 4 (December 2010): 69–78.

34　Craig E. Colten, Perilous Place, *Powerful Storms: Hurricane Protection in Coastal Louisiana*. Jackson: University of Mississippi Press, 2014.

35　Rob Nixon, *Slow Violence and the Environmentalism of the Poor*. Cambridge, MA: Harvard University Press, 2011.

36　Nancy Lee Peluso, and Michael Watts, *Violent Environments*. Ithaca, NY: Cornell University Press, 2001.

37　Robert Emmet Hernan, *This Borrowed Earth: Lessons from the Fifteen Worst Disasters Around the World*. New York: Palgrave Macmillan, 2010.

38　Katrin Pfeifer and Niki Pfeifer, eds., *Forces of Nature and Cultural Responses*. Dordrecht: Springer, 2013.

39　John F. Richards, *The Unending Frontier: The Environmental History of the Early Modern World*. Berkeley and Los Angeles, CA: University of California Press, 2003.

40　Anthony B. Anderson, Peter H. May, and, Michael J. Balick, *The Subsidy from Nature: Palm Forests, Peasantry, and Development on an Amazon Frontier*. New York: Columbia University Press, 1991.

41　William R. Jordan and George M. Lubick, *Making Nature Whole: A History of Ecological Restoration*. Washington DC: Island Press, 2011; Marcus Hall, *Earth Repair: A Transatlantic History of Environmental Restoration*. Charlottesville: University of Virginia Press, 2005.

42　Emmanuel Kreike, *Deforestation and Reforestation in Namibia: The Global Consequences of Local Contradictions*. Princeton: Markus Wiener, 2010.

43　Edmund Russell, "Evolutionary History: Prospectus for a New Field,"

Environmental History 8, no. 2 (April 2003): 204–28.

44 Edmund Russell, *Evolutionary History: Uniting History and Biology to Understand Life on Earth*. Cambridge: Cambridge University Press, 2011.

45 Peter R. Grant, *Ecology and Evolution of Darwin's Finches*. Princeton, NJ: Princeton University Press, 1986; Peter R. Grant and B. Rosemary Grant, 40 Years of Evolution: Darwin's Finches on Daphne Major Island. Princeton: Princeton University Press, 2014.

46 在这一方面，可参见一位生物学家的著作，Stephen R. Palumbi, *The Evolution Explosion: How Humans Cause Rapid Evolutionary Change*. New York: W. W. Norton, 2001。

47 Lance van Sittert, "The Other Seven-Tenths," *Environmental History* 10, no. 1 (January 2005): 106–9.

48 Fernand Braudel, The Mediterranean and the Mediterranean World in the Age of Philip II, trans. Siân Reynolds. New York: Harper and Row, 1972. 1949 年第一版。

49 Arthur F. McEvoy, *The Fisherman's Problem: Ecology and Law in the California Fisheries, 1850–1980*. Cambridge: Cambridge University Press, 1986.

50 Poul Holm, Tim Smith, and David Starkey, eds., *The Exploited Seas: New Directions for Marine Environmental History*. Liverpool: Liverpool University Press, 2001.

51 E. Stroud, "Does Nature Always Matter? Following Dirt Through History," *History and Theory* 42 (2003): 75–81.

第七章

对环境史研究的思考

引言

本章包括学习、研究和撰写环境史的建议，是为那 122 些对这一学科感兴趣，但相对来说还不熟悉它的人准备的。这一群体大致包括对环境史比较陌生的本科生和研究生，甚至还有愿意将环境史加入工具包的其他领域的学者。这决不是一份完整的环境史指南——那需要一部篇幅更大的书，而是学生和其他著者可能会认为有用的一些线索。

方法指导

一开始，我将推荐一些如何研究环境史的著述，它们由业内专家所写，能提供有益的指导。被广泛提及也当之无愧的，是唐纳德·沃斯特主编的文集《天涯地角》中的附录，即“从事环境史研究”。[1] 更近、更详细

123

的是，卡罗琳·麦钱特的《哥伦比亚美国环境史指南》。[2]虽然它仅限于美国环境史，但是麦钱特的许多建议既可以直接也可以通过类比运用到世界其他地区的研究之中。她的最大贡献之一在于指出了环境史学家询问或可能会问及的许多问题。麦钱特还制作了一张光盘，作为本书实用的技术补充。[3]威廉·克罗农的文章《故事上演之所：自然、历史和叙事》包含了一些可以阐明编撰环境史叙述任务的原则。[4]他的网站有非常有用的环境史研究指南，尤其是“学习历史研究”这一标题下的内容。[5]对那些想从历史地理学中寻找方法的人来说，I. G. 西蒙斯的《环境史简介》[6]当然可以推荐。

沃斯特呼吁环境史学家摆脱大多数传统史学的局限，加深他们“对人类如何长期受到自然环境的影响，反过来他们又是如何影响自然环境以及产生了什么结果的理解”。[7]为做到这一点，他认为环境史应该在三条不同而又是整体研究组成部分的路线上探索。他确定的第一条路线，是试图在自然展现的变迁中去理解自然本身，也就是说，在第一层面，环境史关注的是环境本身的历史；第二层面探索涉及人类经济活动与社会组织以及它们对环境的影响，包括社会等级中各阶层不得不对这些活动作出决定的能力；最后，第三层面探索包括人类及其社会关于自然的一切思想、感情以及直觉，这涉及科学、哲学、法律和宗教等。每一层面探索都要求环境史学家掌握从前被认为是历史学之外的其他学科的工具。在第一层面需要通晓自然科学，其中生态学尤为重要；就第二层面而言，所需工具来自技术学、人类学及其分支文化生态学以及经济学等学科；关于感知和价值观的第三层面，涉及人文学科以及广泛的观念。当然，“无论过去还是现在，这些观念的实际影响都很难凭经验加以查考”，[8] 而在任何特定的社会，自然观念通常都很复杂，多多少少还存在矛盾。最后，他强调了历史和地理之间关系的重要性：虽然历史学家关注时间，地理学家关注空间，但是他们谁都不能“忽视人类与自然的基本关联”。[9] 沃斯特已给了我们重要的指示，将学术界每一角落所用的一切方法，如果不是全部至少也是很大一部分，都当作了环境史研究的工具。我们既然研究人类和自然，那么，任何人类事物或自然之物能置身于我们的探索之外吗？虽然这一挑战令人气馁，但我们一定不要丧失面对它的勇气。

124

卡罗琳·麦钱特也许提供了在面对挑战时继续前进的方式。她列举了环境史研究的五种途径，由此总结了大部分从业者所用的方法，当然也不可能穷尽一切。首先关注的是人类与环境的生物方面的互动，包括生态系统；其次分析了“诸如生态、生产、再生产及观念等人类与自然互动的”各个不同层面间的差异；[10]第三个途径强调环境政治和经济，以及土地和资源利用政策；第四个途径像沃斯特的第三层面一样，考察关于自然观念的历史；第五个途径与下面所要讨论的克罗农的要点相似，它是在这样一种观念的基础上展开的，即环境史是在叙述。也就是说，环境史是在讲述人与自然的故事，故事可能蕴含着对以往人类与自然相处经验的警示，还有对现在和将来决策的建议。

克罗农对环境史研究的建议丰富多样，难以总结。我的评论将限于他的文章《故事上演之所：自然、历史和叙事》所阐明的原则，这些原则特别清晰有用。克罗农认为，环境史学家像所有的历史学家一样，将他们对历史的描述勾勒成故事。在讲故事的过程中，历史学家拣选将故事串成线的素材，因而跨越了自然与人工的分野。但即使是这样，历史学家也不能随心所欲地编造他们喜欢的任何故事：并不是所有的故事都同样有效地再现过去。故事讲述有一定的规范，克罗农则强调了三点。

125

第一，“故事不能违背已知的历史事实。”[11]他举例说，将大平原历史视为持续进步的故事，而不提“尘暴”(Dust Bowl)，那将是一部糟糕的历史。第二，由于环境史学家认为自然不依赖叙述而存在，因此他们秉持一种特定的规范，即他们的“故事必须具有生态意识”。[12]他们不能忽视或歪曲生态系统在生物和非生物方面的标示与运转，这意味着环境史学家必须了解故事讲述的时间和地点的生态。最后稍微解释一下，第三个规范是说，历史学家作为群体的成员来写作，他们在开展工作时就必须考虑到这些群体。[13]在一个层面，这意味着学者在构建一种叙述的过程中必须考虑彼此及其合理的批评。在另一个层面，这意味着环境史学家对人类在社会面临环境危机而必须做出决定时，他们的工作有助于为这些决定的审议提供所需的知识。

西蒙斯设想，环境史是一种综合科学与人文路径并将两者调和起来的方法。有文化生态，也有自然生态，每一种生态都有不同的阶段或演替。环境史考察的是它们在时间中互动的过程以及它们彼此的影响。当然，文化对自然的影响比自然对文化的影响更难以捉摸，也更有趣，这是可以理解的。文化生态在历史上经历了许多阶段，其特征在于每一阶段与环境的互动各不相同；当然，由于地区差异，世界各地的变化并不一致。这些阶段分别是采集—狩猎和早期农耕、河流文明、农业帝国、大西洋—工业时代以及太平洋—全球时代等。自然生态在演替中也经历了许多阶段，尽管它们在世界各地有所不同，而且生态学家越来越意识到演替过程的复杂性和随机性。历史上，这些生态系统相互作用，结果便是在全球范围内自然和文化在不同程度上占主导地位的地方镶嵌在一起。今天，认为一个稳定与自我更新的生态群落取代了干扰阶段的“顶级群落”的观念是成问题的。在地球上，这种地方所剩无几。西蒙斯说到，“人类社会改变自然界的方式千变万化”，[14]他还描述了各种各样的影响生态系统的人类行为。这包括迁移（在早期阶段保持对人类群体有价值的自然演替）、简化、消灭、驯化、多样化（包括外来物种的引进）以及资源保护。他提供了世界各地生态系统中存在这些进程的例证，讨论了“荒野”作为较少受人类变化影响的自然的含义以及对它的态度。他书中最后一段话是值得引用的：

126

在宇宙、生态和文化范围内我们是进化的产物，在后两种范围内我们又是缔造者。但无论在哪种范围内，都不存在一个能让我们忽视以前所曾发生之事的分界点。历史就像一幅满是故事的挂毯：如果我们把它剪碎，搁一些在柜子里，我们就无法理解挂在墙上留给我们看的东西所隐含的信息。[15]

环境史拒绝将文化与自然割裂开来，它同样不可以将历史与地理割裂开来。

材料搜集

讲述史学方法的人总是强调搜集证明材料的重要性。通常，在材料之中，与正在研究的时间、地点和人物越接近的材料就越可靠。一般来说，他们谈论的是文字材料；在某些情况下，如果可能的话，还会辅以口述访谈。有什么能比原始材料更好的呢？譬如一份原始日记，其中，一位将军记下了他在一次战斗前夕的思想。这很可能比后来由某个并未亲历那场战役的人所做的二手描述要好。人们理所当然期望环境史学家熟知并运用史学方法，搜集所有可能会阐明所考察问题的文字材料。对环境史学家来说，这些材料将不仅包括所有相关书籍和文章，而且要根据具体情况，包括商业记录、科学报告、报纸记载以及反映时人态度的文学作品。网站可能非常有用，但与纸质出版物相比，它会转瞬即逝；也就是说，当研究者试图再次访问网站时，网站可能已经不在那里，或者想要的页面可能已被删除。

127

然而，环境史学家还有另一个职责，那就是要熟悉他研究的地方。正如太平洋岛民的一句格言所说，大地知道真相。各地都有可讲述的故事。景观则是一本书，即使它的册页是层复一层的聚积物，它们也能拿来阅读。很自然，这需要知晓其用语，且意味着需要获取只能在历史系以外的地方才能获得的工具。虽然人们即使没去过某个国家也有可能写出一部不错的环境史，但那将会面临重重困难，还有潜在的错误。我会极力避免这样的工作。如果有可能的话，就去那地方看看。著述者通过对一地特性的感受能学到很多东西，譬如，俄勒冈州一座山顶上海风的气味，秘鲁亚马逊雨林中拟椋鸟*回巢时的滴答啭鸣，托斯卡尼葡萄园与田野上独特的马赛克式图案，斐济近海珊瑚礁上因巨浪侵袭而颤动的脚边沙地，炎热的夏天卡纳塔克邦香料园中椰子里甜汁的味道。或许这些都不会出现在一本书或一篇文章中，但一旦与通常从阅读中得不到的有关某一特定地方的其他所有细节综合起来，其中每一样都会提供信息。

确实，除非在记忆中，否则人们是无法访问过去的。我有一个朋友和同事，穷其毕生的学术生涯研究和讲授古希腊，但在多次的欧洲旅行中没有拜访过希腊。当我问他为什么时，得到的答案是，“伯里克利不再会客了”。的确如此，而且如今雅典周围的风景也不是公元前 5 世纪黄金时代的雅典人所看到的样子。那里树木更稀少，而一座大约是古代城市六倍大的大都市填满了

---

* 拟椋鸟（oropendola）：美洲热带鸟，雀形目，拟黄鹂科，有十余种。

群山之间的盆地。不过，环境史学家可以去了解情况本来如何，并从现代景致中追溯古典时代的轮廓。彭特里库斯山（Mount Pentelicus）和依米托斯山（Mount Hymettos），分别是大理石和蜂蜜的产地，其顶端依旧反射着夕阳；还有那海，的确是影响雅典人生活的最大的环境因素之一，它依旧从三面环绕着阿提卡半岛。人们仍然可以用橄榄、面包和葡萄酒做饭，它们在古代和现代地中海地区都是大宗作物。

128

环境自身能提供文字材料之外的有价值的证据。随着考古技术的日益精湛，绘制农场、田地和甘蔗种植园这样的工业企业的地图成为可能。显微镜检查现在可以识别木材或木炭碎片所代表的树种，树木年代学（dendrochronology）能显示建筑中所用椽木的年代。孢粉学（Palynology）通过对湖底、洞穴及其他相对未受干扰之地的沉积物中的花粉沉淀物进行检测，可以追溯当地环境中植被的历史，为经年累月森林的损失与恢复以及农作物的变化样式提供证明。沉积研究可以估量侵蚀速率和侵蚀物质的来源。从南极和格陵兰岛取出的冰芯存有气候以及大气气体和污染物的信息，这是从过去各时代累积而成的降雪层裹住的空气中获得的。环境史学家可以从这些研究的科学报告中找到确凿的或具有挑战性的信息，当然，为此可能要学习新词汇和统计学原理。

其实，环境史学家很可能会对自然史名义下曾包含的各种有趣的事物产生热情，希望观察、鉴定和了解所研究地区的地质、气候、植物和动物种类。在这里，田野记录和直接观测还有博物馆的藏品和记载都会体现出很大的价值。有一个地质学方面的例子，说的是考察新奥尔良城市环境史的人需要知晓城市下面的地层含有因干涸而收缩的冲积土，这一事实解释了为何这座城市的大部分地区位于海平面之下，造成了排水不畅的问题，并为灾难性洪水泛滥创造了条件。在2005年卡特里娜（Katrina）飓风暴发前，环境史学家阿里·克尔曼在《河流与城市》、[16]历史地理学家克雷格·科尔滕在《不自然的大都市》[17]中，都充分强调了该城环境的这一不稳定方面。两位学者表明，早在2005年之前，飓风，伴随着死亡、疾病和流离失所，即是这座城市的环境实体中反复出现的现象。克尔曼特别理解了城市与河流之间的双边关系；这座城市依靠这条河进行商业活动，但又试图将自己隔离起来，对从它旁边和上面流过的这条河置之不理。

129

熟悉某一地区的现存物种，是讨论那里生态历史运行的先决条件。哪些物种是野生的，当地景观中特有的？哪些物种是引进的？它们要么是驯养了的物种，其中一些已在野生状态下逃脱并幸存下来，要么是已被放入自然环境的外来物种。例如，在夏威夷，木质珍贵的寇阿树（the *koa* tree）是当地进化生长的，芋头［the taro（kalo）］植物则由波利尼西亚移民用双体独木舟带进来，而入侵性的耐火羽绒狼尾草（fountain grass）原生于非洲，在20世纪早期作为观赏的园中植物首次得到种植，后来逐渐蔓延到牧场和熔岩地。如果将过去某一时期的环境作为基准，就能够估量自人类活动以来所造成的变化。

现有资源

越来越多的图书馆已经建立或扩大了它们在环境史方面的收藏。正如人们预料的那样，这些收藏所在的图书馆，往往位于拥有环境史的项目或这一学科的知名学者的大学。其中，在美国，有加州大学、杜克大学、堪萨斯大学、威斯康星大学和缅因大学等，更不用说国会图书馆了；在英国，有大英图书馆与牛津大学、剑桥大学、杜伦大学、圣安德鲁斯大学和斯特林大学等；还有澳大利亚国立大学、新西兰的奥塔戈大学以及南非大学。对美国环境史而言，科罗拉多州丹佛市公共图书馆的资源保护资料库恢复了长期采购项目，并为该领域的研究人员提供奖学金。最值得提及的，是位于北卡罗来纳州达勒姆市的森林史学会的资料库，其与杜克大学有合作。它可能拥有世界上规模最大、使用最便利的森林史还有一般所说的环境史的藏书。它的藏品包括独一无二的图片与口述史储藏。它还汇编了一份精彩的森林、资源保护和环境史参考书目。在一个对用户友好的网站上可以搜索到它的藏品。[18] 欧洲环境史学会正在汇编一份参考书目，也可以在网上搜索。[19] 当然，研究任何特定的环境史主题的要求都是独特的，在搜索某方面研究的资料库时，重要的是要根据那些要求对藏书的长处与不足进行细致的考察。前几章已经对环境史的很多地区性领域和主题领域的书目资源作了提示。所推荐的环境史著作，尤其是新近著作方面的参考书目，也会有所帮助。如果只有注释而没有参考书目，可能需要更多的搜索；不过，注释有其优点，它们通常对文本中的讨论至关重要。

要准备成为环境史的著述者，最佳途径就是认真阅读可以作为该领域典范著作的书籍。它们可能是经典，已经历时间的检验，并引出了富有思想的评论或新成果；也许是饱受争议之作，在学识和方法论上处于前沿地位。即使那些著作所涉及的主题并非某研究者正在探讨的内容，这一点也是千真万确的。我希望，本书将有助于认识一些可作为这种楷模的环境史作者，但是，如同学术界通常的情形一样，任何选择都可能产生争议。而且，我敢肯定，虽然并非我自己有意为之，但我还是遗漏了许多令人钦佩的名字。当然，特定的几位名人几乎全都出现在了公认的环境史领军人物的名单之中，你可以在本书末尾的参考书目中发现其中的一些人。然而，在目前该领域活力十足的状况下，每月都有值得一读的新作问世，它们卓尔不凡，是那些更年轻或先前未被认识的学者写的。他们有自己的途径、方法、见识和写作风格，这些可以被很好地仿效。也找找它们，读一读，会受到启发的。

131

撰写这些著作的人可不仅仅是书斋里的作者。他们大多是很有意思的人，一旦时间和机会允许，他们就公开露面，并愿意分享自己的见解。欣赏环境史文化的一个途径，是出席讨论会和会议；在那里，环境史学家会陈述他们的研究结果和疑问，并相互批评。当然，在一次学术会议期间，所举行的活动至少有一半是在宣读论文的正式会议之外开展的；是在茶歇时间，在走廊上，在餐馆和酒吧附近，在通过公告牌上的通知及口口相传来发布的临时会议上，以及在环境与历史名胜实地考察的场合。譬如，在欧洲环境史学会会议期间安排的远足活动中，我造访过苏格兰的一个渔村、捷克的一座城堡以及佛罗伦萨的一个地图档案室，都是与志趣相投的小组一起前往的。有一组协会，几乎都定期举办年会或双年会，它们连同大学、院系、博物馆、研究中心和出版社，结成了国际环境史组织联盟。所有这些方面的信息都可以通过国际环境史组织联盟网站上的链接获得。[20] 还有，浏览或加入环境史讨论网[21]的名单，会获取书评、新闻和许多信息。脸书（Facebook）上有一份环境史清单。

结论：环境史的未来

环境史是一个发展迅速的领域。正如约翰·麦克尼尔感叹的，“没人能赶上它的步伐。”[22] 他当然知晓，因为他已为此付出了极大的努力。快速生长是年轻机体的特点，通常成熟和衰落会接踵而至。但就人类活动而言，只要有需求要去满足，增长就会继续。似乎存在对环境史的需求，而且这些需求在可预见的未来不大可能消失。

132

历史专业不断需要环境史所提供的那些新视角，以保持思想上的活力，并引起学者和大众的兴趣，毕竟

师生在印度德里红堡（the Red Fort）参观。未来最重要的需求之一是教育，其中包括环境教育。作者摄于 1992 年

他们是其使用者和支持者。幸运的是，经过最初一段时期的抵制之后，这一专业将其会议和刊物开放，接纳一种挑战陈旧方法和一般学问的研究。成立于 1884 年、作为美国最大的史学家学会的美国历史学会（The American Historical Association），在 2012 年选举威廉·克罗农为主席，这是从前曾授予西奥多·罗斯福和伍德罗·威尔逊的殊荣。

在几个国家的大学里，已经开设环境史课程，环境史岗位已被列入工作种类之中。中学教育中也讲授环境史。环境史的思想和方法给业已建立的历史学分支

133 的撰述增加了维度，而“什么是环境史？”这一问题现在即使要给出一个明确的答案也同样困难，但它已是历史学家的哲学探究，而不是曾经某些时候的那种恼人的挑战。

环境史经久不衰的另一正当原因，是它为跨学科思维以及不同学科背景的学者之间的合作提供了开放的空间。它肯定使许多地理学家和历史学家意识到，他们可以在共同的基础上取得多大的成就。阿兰·贝克的《地理学与历史学：跨越楚河汉界》对这一现象作了很好的研究。[23] 美国地理学会（The American Geographical Society）的刊物《地理学评论》在1998年出版过《历史地理学与环境史》专号，其中有克雷格·科尔滕的同名序言，以及迈克尔·威廉斯的佳作《是现代史的终结吗？》。[24] 还可以参见威廉斯的《环境史与历史地理学的关系》。[25] 历史学与生态科学之间本来存在相当大的裂隙，现在已产生弥合的要求。一些环境史学家进行了尝试，唐纳德·沃斯特在《自然的经济体系》中做得很突出。[26] 裂隙的生态科学一方向前的移动比人们期望的要少，但也有几项精湛的研究，其中弗兰克·本杰明·戈尔雷的《生态学中生态系统观念史》[27] 无疑值得一提。

也许环境史不断发展的最迫切的原因，是对环境问题的持续关注，这种关注来自全球范围许多有思想的评论者日益增强的意识；他们认为，人类对这颗行星生命系统的影响越来越大，使我们非但不能接近乌托邦，反而在逼近生存的危机。展望21世纪剩下的几十年，似乎可以肯定，世界环境的变迁过程将继续以若干主题为特征。什么是可持续性，它实现过吗？全球气候变化的影响是什么？

其中一个主题是人口增长，人类对地球的压力倍增；虽然增长的速度在放缓，但它已经达到了历史上前所未有的规模，而且按绝对数量计算还在继续增长。另一个主题是地方社会实体和较大的实体（国家的和国际的）之间在影响环境的决策上的冲突。例如，一个面对跨国公司的小国会发现，它自己无法控制对自己的土地和森林的开发。第三个主题涉及对生物多样性的多重威胁，这包括动植物物种的灭绝、外来侵略性物种的引入，以及基因工程生物的各种各样鲜为人知的影响。第四个主题是能源和材料，包括水等必需品的供需差距的不断缩小，以及某些资源实际可能的枯竭。克里斯托夫·毛赫和利比·罗宾主编的《环境史的边缘》文集中提出了其他一些主题。[28] 每一主题都是一种挑战，并且与其他主题一起考验着人类的创造力，询问何种变化可能会产生积极的回应。不幸的是，环境史日益重要的一

134

“孤独的乔治”是最后一只平塔岛象龟，在位于厄瓜多尔加拉帕戈斯群岛的圣克鲁斯岛上的查尔斯·达尔文研究中心中。它于 2012 年死亡后，这一亚种灭绝了。前景中的鸟是著名的“达尔文雀”。作者摄于 1992 年

个原因来自人祸，这可能比战争、恐怖主义或经济不公更难以减少。但是在寻找答案的过程中，环境史可以贡献出重要的视角，以提供导致目前状况的历史进程的知识，过去问题和解决方式的例子，以及对必须处理的历史力量的分析。没有这一视角，决策就会饱受狭隘的特殊利益左右的政治短视之害。环境史可以成为矫治草率反应的一剂良药。

1　Donald Worster, "Appendix: Doing Environmental History," in Worster, ed., *The Ends of Earth: Perspectives on Modern Environmental History*. Cambridge: Cambridge University Press, 1988, pp. 289–307.

2　Carolyn Merchant, *The Columbia Guide to American Environmental History*. New York: Columbia University Press, 2002.

3　2005 年 9 月登录这一网址可见：www.cnr.berkeley.edu/departments/espm/env-hist。

4　William Cronon, "A Place for Stories: Nature, History, and Narrative," *Journal of American history* 78 (March 1992): 1347–76.

5　www.williamcronon.net/researching/index.htm。

6　I. G. Simmons, *Environmental History: A Concise Introduction*. Oxford: Blackwell, 1993.

7　Donald Worster, "Doing Environmental History," pp.290–1.

8　Worster, "Doing Environmental History," p. 302.

9　Worster, "Doing Environmental History," p. 306.

10　Merchant, *Columbia Guide to American Environmental History*, p. xv.

11　Cronon, "A place for stories," p. 1372.

12　Cronon, "A place for stories."

13　Cronon, "A place for stories," p. 1373.

14　Simmons, *Environmental History: A Concise Introduction,* p. 55.

15　Simmons, *Environmental History*, p. 188.

16　Ari Kelman, *A River and Its City: The Nature of Landscape in New Orleans*. Berkeley and Los Angeles, CA: University of California Press, 2003.

17　Craig E. Colten, *An Unnatural Metropolis: Wresting New Orleans from Nature*. Baton Rouge: Louisiana State University Press, 2004.

18　www.lib.duke.edu/forest/Research/Databases.html.

19　www.eseh.organization/bibliography.html.

20　www.lib.duke.edu/forest/Events/ICEHO.

21　www.h-net.org/~environ/

22　J. R. McNeill, "Observations on the Nature and Culture of Environmental History," *History and Theory* 42 (December 2003): 5–43. 引文在 42 页。

23　Alan H. R. Baker, *Geography and History: Bridging the Divide*. Cambridge: Cambridge University Press, 2003.

24　Craig E. Colten, "Historical Geography and Environmental History," and Micheal Williams, "The End of Modern History?" *Geographical Review* 88, 2

(April 1998): iii–iv and 275–300.

25 Michael Williams, "The Relations of Environmental History and Historical Geography," *Journal of Historical Geography* 20, 1 (1994): 3–21.

26 Donald Worster, *Nature's Economy*. Cambridge: Cambridge University Press, 1977.

27 Frank Benjamin Golley, *A History of the Ecosystem Concept in Ecology: More Than the Sum of the Parts*. New Haven, CT: Yale University Press, 1993.

28 Christ of Mauch and Libby Robin, eds., *The Edges of Environmental History: Honouring Jane Carruthers*. München: Rachel Carson Centre Perspectives, 2014.

精选书目

Baker, Alan H. R. *Geography and History: Bridging the Divide*. Cambridge: Cambridge University Press, 2003.

Bao, Maohong. "Environmental History in China," *Environment and History* 10, no. 4 (November 2004): 475–99.

Beattie, James. "Recent Themes in the Environmental History of the British Empire," *History Compass* 10, no. 2 (February 2012): 129–39.

Beinart, William. "African History and Environmental History," *African Affairs* 99 (2000): 269–302.

Bess, Michael, Cioc, Mark, and Sievert, James. "Environmental History Writing in Southern Europe," *Environmental History* 5, no. 4 (October 2000): 545–56.

Bird, Elizabeth Ann R. "The Social Construction of Nature: Theoretical Approaches to the History of Environmental Problems," *Environmental Review* 11, no. 4 (Winter 1987): 255–64.

Blum, Elizabeth D. "Linking American Women's History and Environmental History: A Preliminary Historiography." http://www.h.net.org/~environ/historiography/uswomen.htm.

Boime, Eric. "Environmental History, the Environmental Movement, and the Politics of Power," *History Compass* 6, no. 1 (2008): 297–313.

Bruno, A. "Russian Environmental History: Directions and Potentials." *Kritika: Explorations in Russian and Eurasian History* 8 (2007): 635–50.

Burke, Edmund III, and Pomeranz, Kenneth. *The Environment and World History*. Berkeley: University of California Press, 2009.

Carruthers, Jane. "Africa: Histories, Ecologies and Societies," *Environment and History* 10, no. 4 (November 2004): 379–406.

Carruthers, Jane. "Environmental History in Southern Africa: An Overview," in Stephen Dovers, Ruth Edgecombe, and Bill Guest, eds., *South Africa's Environmental History: Cases and Comparisons*. Athens: Ohio University Press, 2003, pp. 3–18.

Castro Herrera, Guillermo. "The Environmental Crisis and the Tasks of History in Latin America," *Environment and History* 3, no. 1 (February 1997): 1–18.

Chakrabarti, Ranjan, ed. *Does Environmental History Matter?: Shikar, Subsistence, Sustenance and the Sciences*. Kolkata: Readers Service, 2006.

Chakrabarti, Ranjan. *Situating Environmental History*. New Delhi: Manohar, 2007.

Cioc, Mark, Linnér, Björn-Ola, and Osborn, Matt. "Environmental History Writing in Northern Europe," *Environmental History* 5, no. 3 (July 2000): 396–406.

Coates, Peter. "Clio's New Greenhouse," *History Today* 46, no. 8 (August 1996): 15–22.

Coates, Peter. "Emerging from the Wilderness (or, from Redwoods to Bananas): Recent Environmental History in the United States and the Rest of the Americas," *Environment and History* 10, no. 4 (November 2004): 407–38.

Colten, Craig E. "Historical Geography and Environmental History," *Geographical Review* 88 (1998): iii–iv.

Corona, Gabriella, ed. "What is Global Environmental History?" *Global Environment* 2 (2009): 228–49.

Cronon, William. "A Place for Stories: Nature, History, and Narrative," *The Journal of American History* 78, no. 4 (March 1992): 1347–76.

Cronon, William. "The Uses of Environmental History," *Environmental History Review* 17, no. 3 (Fall 1993): 1–22.

Crosby, Alfred W. "The Past and Present of Environmental History," *American Historical Review* 100, no. 4 (October 1995): 1177–89.

Demeritt, David. "The Nature of Metaphors in Cultural Geography and Environmental History," *Progress in Human Geography* 18 (1994): 163–85.

Dovers, Stephen. "Australian Environmental History: Introduction, Reviews and Principles," in Dovers, ed., *Australian Environmental History: Essays and Cases*. Oxford: Oxford University Press, 1994, pp. 1–20.

Dovers, Stephen. "On the Contribution of Environmental History to Current Debate and Policy," *Environment and History* 6, no. 2 (May 2000): 131–50.

Dovers, Stephen. "Sustainability and 'Pragmatic' Environmental History: A Note from Australia," *Environmental History Review* 18, no. 3 (Fall 1994): 21–36.

Dovers, Stephen, Edgecombe, Ruth, and Guest, Bill, eds. *South Africa's Environmental History: Cases and Comparisons*. Athens, OH: Ohio University Press, 2003, pp. 3–18.

Endfield, Georgina H. "Environmental History," in Noel Castree, David Demeritt, Diana Liverman, and Bruce Rhoads, eds., *A Companion to Environmental Geography*. New York: Wiley-Blackwell, 2009, pp. 223–37.

Fay, Brian. "Environmental History: Nature at Work," *History and Theory* 42 (December 2003) 1–4.

Flanagan, Maureen A. "Environmental Justice in the City: A Theme for Urban Environmental History," *Environmental History* 5, no. 2 (April 2000): 159–64.

Glave, Dianne and Stoll, Mark, eds. *"To Love the Wind and the Rain": African Americans and Environmental History*. Pittsburgh: University of Pittsburgh Press, 2006.

Green, William A. "Environmental History," in *History, Historians, and the Dynamics of Change*. Westport, CT: Praeger, 1993, pp. 167–90.

Grove, Richard. "Environmental History," in Peter Burke, ed., *New Perspectives in Historical Writing*. Cambridge, UK: Polity, 2001, pp. 261–82.

Hamilton, Sarah R. "The Promise of Global Environmental History," *Entremons: UPF Journal of World History* 3 (June 2012): 1–12.

Hays, Samuel P. *Explorations in Environmental History*. Pittsburgh, PA: University of Pittsburgh Press, 1998.

Hays, Samuel P. "Toward Integration in Environmental History," *Pacific Historical Review* 70, no. 1 (2001): 59–68.

Hoffmann, Richard C., Langston, Nancy, McCann, James G., Perdue, Peter C., and Sedrez, Lise. "AHR Conversation: Environmental Historians and Environmental Crisis," *American Historical Review* 113 (2008): 1431–65.

Hornborg, A., McNeill, J. R., and Martinez-Alier, J., eds. *Rethinking Environmental History: World-System History and Global Environmental Change*. Lanham, MD: AltaMira Press, 2007.

Hughes, J. Donald. "Ecology and Development as Narrative Themes of World History," *Environmental History Review* 19, no. 1 (Spring 1995): 1–16.

Hughes, J. Donald. "Environmental History – World," in David R. Woolf, ed., *A Global Encyclopedia of Historical Writing*, 2 vols. New York, Garland Publishing, 1998, Vol. 1, pp. 288–91.

Hughes, J. Donald. *An Environmental History of the World*. 2nd edn. London and New York: Routledge, 2009.

Hughes, J. Donald. "Global Dimensions of Environmental History," (Forum on Environmental History, Retrospect and Prospect) *Pacific Historical Review* 70, no. 1 (February 2001): 91–101.

Hughes, J. Donald. "Global Environmental History: The Long View," in Jan Oosthoek and Barry K. Gills, eds., *The Globalization of Environmental Crisis*. London and New York: Routledge, 2008, pp. 11–26.

Hughes, J. Donald. "The Greening of World History," in Marnie Hughes-Warrington, ed., *Palgrave Advances in World Histories*. New York: Palgrave Macmillan, 2005, pp. 238–55.

Hughes, J. Donald. "Nature and Culture in the Pacific Islands," *Leidschrift: Historisch Tijdschrift* (University of Leiden, Netherlands) 21, no. 1 (April 2006): 129–43. (Special issue, "Culture and Nature: History of the Human Environment").

Hughes, J. Donald. "The Nature of Environmental History," *Revista de Historia Actual* (*Contemporary History Review*, Spain) 1, no. 1 (2003): 23–30.

Hughes, J. Donald. "Three Dimensions of Environmental History," *Environment and History* 14 (2008): 1–12.

Hughes, J. Donald. "What Does Environmental History Teach?" in Angela Mendonça, Ana Cunha, and Ranjan Chakrabarti, eds., *Natural Resources, Sustainability and Humanity: A Comprehensive View*. Dordrecht: Springer, 2012, pp. 1–15.

Isenberg, Andrew C., ed. *The Oxford Handbook of Environmental History*. Oxford: Oxford University Press, 2014.

Jacoby, Karl. "Class and Environmental History: Lessons from the War in the Adirondacks," *Environmental History* 2, no. 3 (July 1997): 324–42.

Jamieson, Duncan R. "American Environmental History," *CHOICE* 32, no. 1 (September 1994): 49–60.

Krech, Shepard, III, McNeill, J. R., and Merchant, Carolyn, eds. *Encyclopedia of World Environmental History*. 3 vols. New York and London: Routledge, 2004.

Kreike, Emmanuel. *Deforestation and Reforestation in Namibia: The Global Consequences of Local Contradictions*. Princeton: Markus Weiner, 2010.

Leach, Melissa, and Green, Cathy. "Gender and Environmental History: From Representation of Women and Nature to Gender Analysis of Ecology and Politics," *Environment and History* 3, no. 3 (October 1997): 343–70.

Leibhardt, Barbara. "Interpretation and Causal Analysis: Theories in Environmental History," *Environmental Review* 12, no. 1 (1988): 23–36.

Lewis, Chris H. "Telling Stories About the Future: Environmental History and Apocalyptic Science," *Environmental History Review* 17, no. 3 (Fall 1993): 43–60.

Lowenthal, David. "Environmental History: From Genesis to Apocalypse," *History Today* 51, no. 4 (2001): 36–44.

McNeill, John R. "Observations on the Nature and Culture of Environmental History," *History and Theory* 42 (December 2003): 5–43.

McNeill, John R. "The State of the Field of Environmental History," *Annual Review of Environment and Resources* 35 (November 2010): 345–74.

McNeill, John R. and Mauldin, Erin Stewart, eds. *A Companion to Global Environmental History*. Hoboken, NJ: Wiley-Blackwell, 2012.

McNeill, John R., Pádua, José Augusto, and Rangarajan, Mahesh, eds. *Environmental History as if Nature Existed: Ecological Economics and Human Well-Being*. New Delhi: Oxford University Press, 2010.

Melosi, Martin V. "Equity, Eco-Racism and Environmental History." *Environmental History Review* 19, no. 3 (Fall 1995): 1–16.

Melosi, Martin V. "Humans, Cities, and Nature: How Do Cities Fit in the Material World?". *Journal of Urban History* 36, no. 1 (2010): 3–21.

Merchant, Carolyn. *Earthcare: Women and the Environment*. New York: Routledge, 1996.

Merchant, Carolyn. *American Environmental History: An Introduction*. New York: Columbia University Press, 2007.

Merchant, Carolyn. *Major Problems in American Environmental History: Documents and Essays*. Independence, KY: CengageBrain, 2012.

Merchant, Carolyn. "Shades of Darkness: Race and Environmental History," *Environmental History* 8, no. 3 (July 2003): 380–94.

Merchant, Carolyn. "The Theoretical Structure of Ecological Revolutions," *Environmental Review* 11, no. 4 (Winter 1987): 265–74.

Merricks, Linda. "Environmental history," *Rural History* 7 (1996): 97–106.

Mikhail, Alan, ed. *Water on Sand: Environmental Histories of the Middle East and North Africa*. Oxford: Oxford University Press, 2013.

Mosley, Stephen. "Common Ground: Integrating Social and Environmental History," *Journal of Social History*, 39, no. 3 (Spring 2006): 915–933.

Mosley, Stephen. *The Environment in World History*. Abingdon, Oxon.: Routledge, 2010.

Mulvihill, Peter R., Baker, Douglas C., and Morrison, William R. "A Conceptual Framework for Environmental History in Canada's North," *Environmental History* 6, no. 4 (October 2001): 611–26.

Myllyntaus, Timo, ed. *Thinking through the Environment: Green Approaches to Global History*. Cambridge: White Horse Press, 2011.

Myllyntaus, Timo. "Writing about the Past with Green Ink: The Emergence of Finnish Environmental History," in Erland Marald and Christer Nordlund, ed., *Skrifter fran forskningsprogrammet Landskapet som arena nr X*. Umea: Umea University, 2003.

Nash, Roderick. "American Environmental History: A New Teaching Frontier," *Pacific Historical Review* 41, no. 3 (1972): 362–72.

Nash, Roderick. "Environmental History," in Herbert J. Bass, ed., *The State of American History*. Chicago: Quadrangle Press, 1970, pp. 249–60.

Norwood, Vera. "Disturbed Landscape/Disturbing Process: Environmental History for the Twenty-First Century," *Pacific Historical Review* 70, no. 1 (February 2001): 77–90.

O'Connor, James. "What is Environmental History? Why Environmental History?" in O'Connor, ed., *Natural Causes: Essays in Ecological Marxism*. New York and London: Guilford Press, 1998, pp. 48–70.

Opie, John. "Environmental History: Pitfalls and Opportunities." *Environmental Review* 7, no. 1 (Spring 1983), 8–16.

Pádua, José Augusto. "The Theoretical Foundations of Environmental History," *Estudos Avançados* 24, no. 68 (2010): 81–101.

Pawson, Eric, and Dovers, Stephen. "Environmental History and the Challenges of Interdisciplinarity: An Antipodean Perspective," *Environment and History* 9, no. 1 (February 2003): 53–75.

Powell, Joseph M. "Historical Geography and Environmental History: An Australian Interface," *Journal of Historical Geography* 22 (1996): 253–73.

Pyne, Steven. "Environmental History without Historians," *Environmental History* 10, no. 1 (January 2005): 72–4

Radkau, Joachim. *The Age of Ecology*. Cambridge: Polity, 2014.

Radkau, Joachim. *Nature and Power: A Global History of the Environment*. Cambridge, UK: Cambridge University Press, 2008.

Rajan, S. Ravi. "The Ends of Environmental History: Some Questions," *Environment and History* 3, no. 2 (June 1997): 245–52.

Rakestraw, Lawrence. "Conservation Historiography: An Assessment," *Pacific Historical Review* 41, no. 3 (August 1972): 271–88.

Rangarajan, Mahesh. "Environmental Histories of South Asia: A Review Essay," *Environment and History* 2, no. 2 (June 1996): 129–43.

Robin, Libby, and Griffiths, Tom. "Environmental History in Australasia," *Environment and History* 10, no. 4 (November 2004): 439–74.

Rome, Adam, ed. "What's Next for Environmental History?" (An Anniversary Forum containing 29 short essays by scholars on future directions for environmental history), *Environmental History* 10, no. 1 (January 2005): 30–109.

Rome, Adam. "What Really Matters in History? Environmental Perspectives on Modern America," *Environmental History* 7, no. 2 (April 2002): 303–18.

Rothman, Hal. "A Decade in the Saddle: Confessions of a Recalcitrant Editor," *Environmental History* 7, no. 1 (January 2002): 9–21.

Russell, Edmund. "Evolution and the Environment," in J. R. McNeill and Erin Stewart Mauldin, eds., *A Companion to Global Environmental History*. Oxford: Wiley-Blackwell, 2012, pp. 377–93.

Russell, Edmund. "Evolutionary History: Prospectus for a New Field," *Environmental History* 8, no. 2 (April 2003): 204–28.

Russell, Edmund. *Evolutionary History: Uniting History and Biology to Understand Life on Earth*. Cambridge: Cambridge University Press, 2011. See Chapter 11, "Environmental History," pp. 145–50, with copious notes.

Russell, Edmund. "Science and Environmental History," *Environmental History* 10 (2005): 80–2.

Russell, Emily Wyndham Barnett. *People and the Land Through Time: Linking Ecology and History*. New Haven: Yale University Press, 1997.

Schatzki, Theodore R. "Nature and Technology in History," *History and Theory* 42 (December 2003), pp. 82–93.

Schulten, Susan. "Get Lost: On the Intersection of Environmental and Intellectual History," *Modern Intellectual History* 5, no. 1 (2008): 141–52.

Sellers, Christopher. "Thoreau's Body: Towards an Embodied Environmental History," *Environmental History* 4, no. 4 (October 1999): 486–514.

Simmons, Ian Gordon. *Changing the Face of the Earth: Culture, Environment, History*. Oxford: Blackwell, 1989.

Simmons, Ian Gordon. *Environmental History: A Concise Introduction*. Oxford: Oxford University Press, 1993.

Simmons, Ian Gordon. *Global Environmental History*. Chicago: University of Chicago Press, 2008.

Smout, T. C. *Exploring Environmental History*. Edinburgh: Edinburgh University Press. 2009.

Sörlin, Sverker and Warde, Paul. "The Problem of the Problem of Environmental History: A Re-Reading of the Field," *Environmental History* 12 (2007): 107–30.

Squatriti, Paolo, ed. *Natures Past: The Environment and Human History*. Ann Arbor: University of Michigan Press, 2007.

Star, Paul. "New Zealand Environmental History: A Question of Attitudes," *Environment and History* 9, no. 4 (November 2003): 463–76.

Steinberg, Theodore. "Down to Earth: Nature, Agency and Power in History," *American Historical Review* 107, no. 3 (2002): 798–820.

Stewart, Mart A. "Environmental History: Profile of a Developing Field," *History Teacher* 31 (May 1998): 351–68.

Stewart, Mart A. "If John Muir Had Been an Agrarian: American Environmental History West and South," *Environment and History* 11, no. 2 (May 2005): 139–62.

Steyn, Phia. "A Greener Past? An Assessment of South African Environmental Historiography," *New Contree* 46 (November 1999): 7–27.

Stine, Jeffrey K., and Tarr, Joel A. "At the Intersection of Histories: Technology and the Environment," *Technology and Culture* 39 (October 1998): 601–40.

Stoll, Mark, ed. American Society for Environmental History. *Historiography Series in Global Environmental History*. http://www.h-net.org/~environ/historiography/historiography.html.

Stroud, Ellen. "Does Nature Always Matter? Following Dirt Through History." *History and Theory* 42 (December 2003): 75–81.

Sutter, Paul. "What Can US Environmental Historians Learn from Non-US Environmental Historiography?" *Environmental History* 8, no. 1 (January 2003): 109–29.

Tate, Thad W. "Problems of Definition in Environmental History," *American Historical Association Newsletter* (1981): 8–10.

Taylor, Alan. "Unnatural Inequalities: Social and Environmental Histories," *Environmental History* 1, no. 4 (October 1996): 6–19.

Terrie, Philip G. "Recent Work in Environmental History," *American Studies International* 27 (1989): 42–63.
Uekoetter, Frank. "Confronting the Pitfalls of Current Environmental History: An Argument for an Organizational Approach," *Environment and History* 4, no. 1 (February 1998): 31–52.
Uekoetter, Frank, ed. *The Turning Points of Environmental History*. Pittsburgh: University of Pittsburgh Press, 2010.
Warde, Paul, and Sörlin, Sverker. *Nature's End: History and the Environment*. London: Macmillan, 2009.
Warde, Paul, and Sörlin, Sverker. "The Problem of the Problem of Environmental History: A Re-reading of the Field and its Purpose," *Environmental History* 12, no. 1 (2007): 107–30.
Weiner, Douglas R. "A Death-Defying Attempt to Articulate a Coherent Definition of Environmental History," *Environmental History* 10, no. 3 (July 2005): 404–20.
White, Richard. "Afterword, Environmental History: Watching a Historical Field Mature," *Pacific Historical Review* 70 (February 2001), 103–11.
White, Richard. "American Environmental History: The Development of a New Historical Field," *Pacific Historical Review* 54 (August 1985): 297–335.
White, Richard. "Environmental History: Retrospect and Prospect," *Pacific Historical Review* 70, no. 1 (2001): 55–7.
Williams, Michael. "The End of Modern History?", *Geographical Review* 88, no. 2 (April 1998): iii–iv and 275–300.
Williams, Michael. "The Relations of Environmental History and Historical Geography," *Journal of Historical Geography* 20 (1984): 3–21.
Winiwarter, Verena, et al. "Environmental History in Europe from 1994 to 2004: Enthusiasm and Consolidation," *Environment and History* 10, no. 4 (November 2004): 501–30.
Worster, Donald. "Doing Environmental History," in Worster, ed., *The Ends of the Earth: Perspectives on Modern Environmental History*. Cambridge: Cambridge University Press, 1988, pp. 289–307.
Worster, Donald. "History as Natural History: An Essay on Theory and Method," *Pacific Historical Review* 53 (1984): 1–19.
Worster, Donald. "Nature and the Disorder of History." *Environmental History Review* 18 (Summer 1994): 1–15.
Worster, Donald, et al. "A Roundtable: Environmental History," *Journal of American History* 74, no. 4 (March 1990): 1087–147.

Worster, Donald. "The Two Cultures Revisited: Environmental History and the Environmental Sciences," *Environment and History* 2, no. 1 (February 1996): 3–14.

Worster, Donald. *The Wealth of Nature: Environmental History and the Ecological Imagination*. Oxford: Oxford University Press, 1993.

Worster, Donald. "World Without Borders: The Internationalizing of Environmental History," *Environmental Review* 6, no. 2 (Fall 1982): 8–13.

索　引

（条目后的页码为原书页码，即本书边码）

A

Aborigines　澳大利亚原住民，73

Academia Sinica, Taipei　台北的“中央研究院”，72

accumulation　积累，90，94，108

Acot, Pascal　帕斯卡尔·埃克特，58

advocacy, environmental　环境渲染，29，36，39，102—104

Aegean Sea　爱琴海，21

Africa　非洲，6，33，50，56，77—79，88，92，110，115，129

- Centrial Africa　中非，79
- East Africa　东非，77
- North Africa　北非，14，65
- South Afirica　南非，28，54，77—79，119，129
- Sub-Saharan Africa　撒哈拉以南非洲，77
- West Africa　西非，97

Aganashini River　阿加纳西尼河，120

Agnolettim, Mauro　毛罗·阿尼奥莱蒂，64

agricultural history　农业史，4，7，27，35，47—49，63—64，106，115—116，125，128

Agricultural History Society　农业史学会，49

agriculture　农业，6，25，31，33，73，84

agroecology　农业生态，49

Ahu Tongariki　阿胡同加里基，88

Alps　阿尔卑斯山，33

Amboseli National Park　安波塞利国家公园，78

American Geographical Society　美国地理学会，133

American Historical Association (AHA)　美国历史学会，132

American Indian, *see* Native American Indian　美洲印第安人，参见美洲原住民印第安人

American Society for Environmental History　美国环境史学会，8，17，39，45，49—50，53—54，80，102

Amorim Inês　伊内斯·阿莫里姆，64

Amphipolis　安菲玻里，21

amphitheaters　斗兽场，115

ancient history　古代史，3，9，13，19—26，63，81—82，96，127—128

Anderson, David　戴维·安德森，77

Anglo-Saxon Chronicle,《盎格鲁—撒克逊编年史》, 27

Anker, Peder　佩德·安克尔，96

Annales school　年鉴学派，31，33，58

Antarctica　南极，13，128

anthropocentric concern，以人类为中心，67

anthropology　人类学，9，11，32，75，102，105，123

anthropogenic causation　人为原因，23，77，101

aqueducts　渡槽，25

archaeology　考古学，22，63，76，102，128

Aristotle　亚里士多德，96

Armiero, Marco　马尔科·阿尔米耶罗，64

Arnold, David　大卫·阿诺德，68

Artemis　阿尔忒弥斯，20
Asia　亚洲，21，56，71—75，93，96，113
　Central Asia　中亚，17，26
　East Asia　东亚，54，69—72，93
　South Asia　南亚，50，53—54，65—68，96
　Southeast Asia　东南亚，56，65，69，114
　Western Asia　西亚，65
Association for East Asian Environmental History　东亚环境史学家协会，72
Aswan dams　阿斯旺水坝，63
Athens, Athenians　雅典；雅典人，21—22，64—65，127—128
Athos, Mount　阿托斯山，20
Atlantic, Center for Studies of the History of the (CEHA)　大西洋历史研究中心，64
Atlantic Forest, Brazil　巴西大西洋沿岸森林，4，81，106
Atlantic Ocean　大西洋，50，64，96，125
atmosphere　大气，2，4，7—8，84，128
Attica　阿提卡，21—22，128
Australasia　澳大拉西亚，53，72—75
Australia　澳大利亚，10，52—54，72—75，85，87，92，97，129
Australian National University　澳大利亚国立大学，74，129
Austria　奥地利，58—59

B

Badré, Louis　路易斯・巴德里，58
Bahn, Paul　保罗・巴恩，77
Bailey, Robert C.　罗伯特・贝利，95
Baker, Alan H. R.　阿兰・贝克，133
Balfour, Edward Green　爱德华・格林・贝尔弗，29
Bali　巴厘岛，69
Banaras (Benares，Varanasi)　贝拿勒斯（也称瓦拉纳西等），67
Bao Maohong　包茂红，70
Barbados　巴巴多斯岛，95
Barca, Stefania　斯特凡尼娅・巴尔卡，64
Barong　巴龙，69
Bates, Marston　马斯顿・贝茨，86
Baumek, Erika　埃里卡・鲍梅克，92
Bedouins　贝都因人，26
Behringer, Wolfgang　沃尔夫冈・贝林格，95
Beijing　北京，70—71
Beijing Normal University　北京师范大学，71
Beinart, William　威廉・贝纳特，77—78，96
Belgium　比利时，59—60
Belich, James　詹姆斯・比里奇，75
Bender, Helmut　赫尔穆特・本德，82
Bernard of Clairvaux　圣贝尔纳，26—27
Bernhardt, Christoph　克里斯托弗・伯恩哈特，58
Bess, Michael　迈克尔・贝斯，56，58
Beverly Hills　比弗利山庄，95
Bevilacqua, Piero　皮耶罗・贝维拉夸，64
Bielefeld, University of　比勒费尔德大学，89
Bilsky, Lester　莱斯特・比尔斯基，70，92
Binnema, Theodore　西奥多・宾内玛，54
biodiversity　生物多样性，6，32，67，92，109，115，117，134
biography　传记，35，43—44，49
biology　生物学 / 生物，9，15，40，81，84，86—87，93，96—97，106，118，121，124
bison　美洲野牛，42

Bloch, Marc 马克·布洛赫, 32
Blum, Elizabeth D. 伊丽莎白·布鲁姆, 47
Bocking, Stephen 斯蒂芬·博金, 55
Bonnifield, Paul 保罗·邦尼菲尔德, 73
Bonyhady, Tim 蒂姆·伯尼哈迪, 74
Boomgaard, Peter 彼得·鲍姆加特, 69
Borneo (Kalimantan) 婆罗洲(加里曼丹), 104
Borobudur, Indonesia 印度尼西亚婆罗浮屠, 48
botanical gardens 植物园, 28, 96
botany 植物学, 28—29
Bouchier, Nancy 南希·鲍彻, 55
Bourewa, Fiji 斐济布雷瓦维提岛, 76
Bowlus, Charles R. 查尔斯·鲍鲁斯, 81
Boyden, Stephen 史蒂芬·博伊登, 87
Boyer, Christopher 克里斯托弗·博伊尔, 80
Brady, Lisa 莉萨·布雷迪, 72
Bramwell, Anna 安娜·布拉姆维尔, 59
Braudel, Fernand 费尔南·布罗代尔, 31, 33, 58, 93, 120
Brazil 巴西, 4, 64, 80—81, 97, 106—107, 112
bread 面包, 128
Brimblecombe, Peter 彼得·布林布尔库姆, 57
Brinkley, Douglas 道格拉斯·布林克利, 44
Britain, British 英国/英国人/英国的, 17, 50—51, 54, 57, 66, 68, 73, 96—97, 114, 129
British Columbia, University of 不列颠哥伦比亚大学, 54
British Library 大英图书馆, 129
Brooke, John L. 约翰·布鲁克, 95
Brooking, Tom 汤姆·布鲁金, 73, 75
Brown, John Croumbie 约翰·克伦比·布朗, 51
Brown, Philip C. 菲利普·布朗, 72
Brundtland Commission Report 布伦特兰委员会的报告, 98
Bullard, Robert D. 罗伯特·布拉德, 46
Burke, Edmund 埃德蒙·伯克, 92
Butzer, Karl W. 卡尔·巴泽尔, 63

C

Cairo 开罗, 112
California 加利福尼亚, 43, 75, 95
California, University of 加州大学, 39, 50, 53, 129
Cambridge, University of 剑桥大学, 129
Canada, Canadians 加拿大; 加拿大人, 45, 50, 54—55, 81, 97
Cantillon, Richard 里夏尔·康蒂永, 28
capitalism 资本主义, 41, 43, 53, 90, 108, 111
Capitalism, Nature, Socialism (journal) 《资本主义、自然、社会主义》, 53
Capital Normal University, Beijing 北京的首都师范大学, 70
Carey, Mark 马克·凯里, 81
Carlson, Hans 汉斯·卡尔森, 55
Carruthers, Jane 简·卡拉瑟斯, 77—78
Carson, Rachel 雷切尔·卡森, 38, 44, 59
Cassiodorus 卡西奥多鲁斯, 27
Castonguay, Stéphane 斯蒂芬妮·卡斯顿瓜伊, 55
Castro Herrera, Guillermo 吉列尔

莫·卡斯特罗·赫雷拉，80
cattle　牛，23，68
Catton, William, Jr.　小威廉·卡顿，11
Chaikovsky, Yuri　尤里·柴可夫斯基，62
Chakrabarti, Ranjan　兰詹·查克拉巴蒂，68
Chandran, M. D. Subash　苏巴什·钱德兰，67
Chappell, John　约翰·查佩尔，14，95
charcoal　木炭，95，113—114，128
Charles Darwin Research Center　查尔斯·达尔文研究中心，134
Charles University, Prague　布拉格查尔斯大学，61
Chernobyl　切尔诺贝利，114
Chew, Sing C.　周新钟，90—91
Chiai, Gian Franco　贾恩·弗朗哥·奇艾，82
Chile　智利，75，88
China, Chinese　中国 / 中国人 / 中国的，8，19，22—23，56，69—72，75，94，97，115，116
Chipko Andolan (tree-hugging)　奇普科·安多兰（抱树运动），66，98
Christianity　基督教，13
Cicero　西塞罗，25
Cioc, Mark　马克·乔克，56，59
cities　城市，6，15，20—21，25—27，38，42，45—46，55，65，90，92，95，112，128—129
Clapp, B. W.　B. W. 克拉普，57
Classicists　古典学者，81—82
Cleghorn, Hugh　休·克莱格霍恩，51
Cleomenes of Sparta　斯巴达的克列欧美涅斯，21
climate　气候，4—5，21，26—30，33，58—61，65，70，93，104，128
climate change　气候变化，13—14，28—29，33，58—61，64—65，81，88，93，95，115，128，133
coal　煤，95，99，114
Coates, Peter　彼得·科茨，9，54，78
Coggins, Chris　克里斯·科格金，71
Cohen, Michael P.　迈克尔·科恩，43，45
collapse of societies　《崩溃：社会如何选择成败兴亡》，76，87—89
Colombijn, Freek　弗里克·科隆宾，69
colonialism　殖民主义，21，28—29，43，53—54，65，68，73—75，77—78，82，96，111，120
Colten, Craig E.　克雷格·科尔滕，115，129，133
Columbian Exchange　《哥伦布大交换》，6，11，81，86，106
communities
　animal and plant　动植物群落，16，32
　biotic　生物共同体，15，119
　ecological　生态群落 / 群落生态学，15，116，126
　human　人类社会 / 人类共同体，10，16，31，77—78，91，119，125
　life　生命群落 / 生命共同体，15，90，116
　local　地方社区，67，77—78，82—83，112，117，119
　natural　自然共同体，16
　scholarly　学术共同体，36，39，54，61，64，82，103，121，125
　world　世界共同体，10
Confucius　孔子，23
Connors, Libby　利比·康纳斯，74
conservation　保护，7，24—25，29，35—39，43—44，77—79，100，126
　forest　森林保护，25
　history　资源保护史，35，37—

38, 43, 50, 59—60, 77, 79, 96, 130
national parks　国家公园保护, 45, 78
resource　资源保护, 35
soil　土壤保护, 37, 79
Soviet　苏联资源保护, 62
wildlife　野生动物保护, 68, 77, 88, 116
Conservation Library, Denver　丹佛资源保护资料库, 130
Conservationists　资源保护主义者, 4, 17, 29, 35—38, 44, 60, 73, 96, 112, 116
Copenhagen　哥本哈根, 52
coral reefs　珊瑚礁, 74, 120, 127
Cordovana, Orietta　奥丽塔・科尔多瓦纳, 81
Corvol, Andrée　安德里・科沃尔, 58
Costanza, Robert　罗伯特・康斯坦萨, 100
Cowdrey, Albert E.　艾伯特・考德雷, 43
Cox, Thomas R.　托马斯・考克斯, 50
Cramer, Jacqueline　杰奎琳・克莱默, 60
Cronon, William　威廉・克罗农, 2, 40, 43, 45, 82, 103, 105, 123—124, 132
Crosby, Alfred W.　艾尔弗雷德・克罗斯比, 6, 11, 36, 40, 49, 75, 81—82, 86, 96—97
Cruikshank, Ken　肯・克鲁克香克, 55
Cuba　古巴, 80—81
Culliney, John L.　约翰・库利尼, 76
Curitiba　库里提巴市, 112
Cutright, Paul　保罗・卡特赖特, 44
Czech Republic　捷克共和国, 56, 61, 131

D

Dagenais, Michelle　米歇尔・达格奈斯, 55
Daley, Ben　本・戴利, 74
Daly, Herman E.　赫尔曼・戴利, 11, 100
Damodaran, Vinita　维尼塔・达莫达兰, 68
Daphne Major, Galápagos Archipelago　加拉帕哥斯群岛大达芙尼岛, 118
Darby, H. C.　H. C. 达比, 57
Dar es Salaam, University of　达累斯萨拉姆大学, 78
D'Arcy, Paul　保罗・达尔希, 76
Dargavel, John　约翰・达加维尔, 73—75
dark ages　黑暗时代, 91
Davis, Diana K.　戴安娜・戴维斯, 65
database　资料库, 50, 56
Davis, Mike　麦克・戴维斯, 46
Davy, L.　L. 戴维, 58
DDT　杀虫剂, 118
D' Eaubonne, Françoise　弗朗索瓦・迪奥邦尼, 58
Dean, Warren　沃伦・迪安, 4, 73, 81, 107
Decker, Jody F.　乔迪・德克尔, 55
declensionist narratives　衰败主义叙述, 90, 106—107
deep ecology　深生态学, 98
deforestation　森林滥伐 / 森林砍伐, 2—3, 6, 22—24, 28—30, 32—33, 50, 63, 68, 76, 89, 91, 94—95, 97, 115, 117
Delhi　德里, 132
Delphi　特尔斐, 20
Democracy　民主, 37
demography　人口, 69, 86, 110
Demosthenes　德谟斯提尼, 21
dendrochronology　树木年代学, 128
Denmark　丹麦, 60

Denver Public Library 丹佛市公共图书馆，130
desertification 沙漠化，6，63
deserts 沙漠，14，26，63，77
developing nations 发展中国家，110
development
  artistic 艺术成就，99
  conservation 资源保护与可持续发展，77，116
  economic 经济增长，77，99
  energy 能源发展，45
  environmental history 环境史发展，34—35，40，50，66，70，96，99，105，115，128
  forests 森林开发，4，50，67，97，99
  human culture 人类文明发展，5，99，105，115
  intellectual 思想发展，43
  narrative 本土化发展，11
  resource 资源开发，55，99，120
  social 社会发展，70
  studies 学术研究发展，61，68，70
  sustainable 可持续发展，77，97—98，100
  technology 技术发展，48，99
  theory 理论提出，21
  water 水资源开发，43，79
  wilderness 荒野开发，9
Diamond, Jared 贾雷德·戴蒙德，5，76，87—89，105
Diana 阿尔忒弥斯 / 狄安娜，20
diseases 疾病，3，5—6，21—22，41，54，64，86，104，106，129
Dixon, Kay 凯·狄克逊，75
dogs 狗，118
Dominick, Raymond H. 雷蒙德·多米尼克，59
Dong Hwa University, Hualien 花莲东华大学，72
Dorsey, Kurkpatrick 库克帕特里克·多尔西，55
Dovers, Stephen 斯蒂芬·多弗斯，10，73
Doyle, Timothy 蒂莫西·多伊尔，97
Drayton, Richard 理查德·德雷顿，96
Drouin, J. M. J. M. 德劳因，58
Duby, Georges 乔治·迪比，32
Duke University, North Carolina 杜克大学，50，129—130
Dunlap, Riley. E. 赖利·邓拉普，11
Dunlap, Thomas 托马斯·邓拉普，97
Durham, North Carolina 北卡罗来纳州达勒姆，50，130
Durham, University of 达勒姆大学，87，129
Dust Bowl 尘暴，42，125

E

Earle, Carville 卡维尔·厄尔，43
Early Modern Period 近代早期，26，57，60—61，65，84，93—94，96，113
Earth Day 地球日，38
Earth First! 地球第一！，98
Earth gods 大地之神，24，47
Easter Island (Rapa Nui) 复活节岛（拉帕努伊），76，88—89
Eastern Mount 东山，23
ecofeminism 生态女性主义，47，58，98
ecological revolutions 生态革命，3，43，108
ecology 生态 / 生态学
  community 群落生态学，15，67，116，126
  cultural and natural 文化生态与自然生态，49，89，125
  history 生态史，2，12—13，34，42，44，53，55，58—60，63，67—69，71—73，75，80—81，

85—87，90，92，96—97，99，102—103，121，125—126，129
human　人类生态学，9，16，32，40—41，61，70，77，94，104，112，124
restoration　生态恢复，116—117
science　生态科学，8，10—11，14—16，38，57，86，102，107，118，123，126，133
social　社会生态学，11，98
urban　城市生态学，46
Ecology, Demography and Economy in Nusantara (EDEN)　"马来群岛的生态、人口和经济"，69
economics　经济学 / 经济，10—12，14，16—18，24，28，30，33，38，43，49，51，59—60，62，85，93—96，99—101，104，106，108—109，111—112，114，116，118，123—124，135
ecosphere　生态圈，99
ecosystems　生态系统，3，5，7，15，22，29，49，63，67，73—74，84，89—91，108，114—117，124—126，133
Eden　伊甸园，29，77
education　教育，45，59—60，98，110，132
Egypt, Ottoman　奥斯曼埃及，65
Einstein, Albert　爱因斯坦，99
elephants　象 / 大象，113，115
Elinor Melville Prize　埃莉诺・梅尔维尔奖，80
see also Melville，Elinor G. K.　参见埃莉诺・梅尔维尔
El Niño Southern Oscillation (ENSO)　厄尔尼诺和南方涛动，14，95
see also La Niña　参见拉尼娜
Elvin, Mark　伊懋可，70
Encyclopedia of World Environmental History　《世界环境史百科全书》，62
endangered species　濒危物种，7，45，116
energy　能源 / 精力 / 能量，4，6，26，45，71，84，93，99，109，113—114，134
England, English　英格兰；英国人 / 英国，27，57，95，97
English language　英文，59—60，71，90，97
Environment and History(journal)　《环境与历史》，56，73
environmental determinism　环境决定论，15，21，32，88，101，104—105
environmental ethics　环境伦理学，39
environmental history
definition　环境史的定义，1—18
future of　环境史的未来，52，100，107，109，114，124，131—132
global　全球环境史，12，17，31，51，52—53，59，61，84—100，111—112，121
issues and directions　环境史的问题与方向，101—121
methodology　环境史研究方法，122—125
practice of　环境史实践，122—130
urban　城市环境史，3，7—8，26，35，45—46，48，55，58，70，73，77，90，106，112，116，128
world　世界环境史，1，10，14，19，30，41，49，52—53，57，62，70，84—100，125，133
see also sea, environmental history of the　参见海洋环境史
Environmental History (journal)　《环境史》，39，50
Environmental History Review(journal)　《环境史评论》，39

Environmental Review(journal) 《环境评论》, 39
environmentalism 环保主义，35，43，47，59，62，97，101，105，109
environmentalists 环保主义者，29，39，43，59，103
erosion 侵蚀 / 腐蚀，2，6，22，28，31，42—43，63，78，91，99，106，128
Europe, Europeans 欧洲；欧洲人 / 欧洲的，4，6，9，11，13，21，27—30，33，36，40—41，43，50—52，54—56，58—64，73，76—77，81—82，86，93—94，96—97，103，106，110，113—115，127，130
European Society for Environmental History(ESEH) 欧洲环境史学会，56，59，61，64—65，80，130—131
Evans, Clint 克林特・埃文斯，55
Evenden, Matthew 马修・埃文登，54—55
evolution 进化 / 演进，4，15，32，118，126
evolutionary history 进化史，118
Eyerman, Ron 罗恩・埃尔曼，60

F

Falter, Jüergen W. 尤尔根・法特尔，59
famine 饥荒，13，17，26，28—29，33，70—71
fascism 法西斯主义，59
Febvre, Lucien 吕西安・费弗尔，31—33，58
Fernand Braudel Center 费尔南・布罗代尔中心，93
finches, Darwin's 达尔文雀，118，134
Finland 芬兰，57，60
firewood 柴火，7，110
fishes 鱼，24，67
fishing 渔业 / 捕捞，6，24—25，49，85，115，119，131
Flader, Susan 苏珊・弗莱德，44
Flannery, Tim 蒂姆・弗兰纳里，53，73
Flenley, John 约翰・弗伦利，77
Florence 佛罗伦萨，56，64—65，131
forest history 森林史，2，4，7，31，35，47，49，50，58，60，64，66，70，72—75，79，81，94
Forest History Society (US) 美国森林史学会，8，50，130
Forest History Society (Australian) 澳大利亚森林史学会，74
forest law, policy 森林法；森林政策，27，67，112
Forest Products History Association 林产品历史协会，50
forest reserves 森林保护区 / 保留地，27，29，37
forestry 林业，6，25，43，68，102
forests 森林 / 山林 / 雨林，14，20—21，23—25，33，38，92，95，99，103，106，109，111，113—114，128，134
forests, sacred 圣林，21，66—67
see also sacred groves 参见神林
Forkey, Neil 尼尔・福尔克，55
fossil fuels 矿物燃料，2—3，6，93，95，114
fountain grass 羽绒狼尾草，129
Fox, Stephen R. 斯蒂芬・福克斯，43
France, French 法国；法国的 / 法语，13，20，25，31—32，42，53，55，58，65，96，112，114
Francis of Assisi 阿西西的方济各，13
Franghiadis, Alexis 亚历克西斯・弗朗吉亚蒂斯，65

free trade　自由贸易，85，100，111
Free University, Berlin　柏林自由大学，81
French Forest Ordinance　《法国森林管理条令》，114
French, Hilary　希拉里·弗伦奇，100
Fukushima　福岛，114
Funes Monzote, Reinaldo　雷纳尔多·富内斯·蒙佐特，81
Fürst-Bjelis, Borna　波纳·弗斯特比耶利斯，62

G

Gadgil, Madhav　马德哈夫·加吉尔，53，66—67，107
Gaia　盖娅，47
Galápagos Archipelago　加拉帕哥斯群岛，118，134
Gallant, Thomas W.　托马斯·加伦特，82
Ganges River　恒河，67
Gao Guorong　高国荣，70
garbage removal　垃圾清除，45，112
García Latorre, Jesús　吉泽斯·加西亚·拉特里，63
García Latorre, Juan　胡安·加西亚·拉特里，63
García Martínez, Bernardo　伯纳尔多·加西亚·马丁内斯，80
Garden, Donald S.　唐纳德·加登，73
General Agreement on Tariffs and Trade (GATT)　关税与贸易总协定（GATT），111
Geographical Review (journal)　《地理学评论》，133
geography　地理学，9，26，28，75，87，133
geography, historical　历史地理学，10—11，31—34，50—51，57，61，67，74，80，82，92—94，102，123—124，126，129，133
geology　地质学家 / 地质学 / 地质，5，95，102，115，118，128
George Town, Australia　澳大利亚乔治镇，85
Germany　德国 / 德语，58—59，72，89
Geus, Klaus　克劳斯·盖斯，82
Gibson, Clark C.　克拉克·吉布森，78
giraffes　长颈鹿，78
Giles-Vernick, Tamara　塔玛拉·贾尔斯—韦尼克，79
Gills, Barry K.　巴里·吉尔斯，92
Glacken, Clarence　克拉伦斯·格拉肯，13，27，51
Gligo, Nicolo　尼古拉·格利戈，80
global environmental history　全球环境史，12，17，31，51，52—53，59，61，84—100，111—112，121
global warming　全球变暖，2，7，14，64，84，103，107，133
God, gods, goddesses　上帝，神，女神，13，20—21，24—26
Golley, Frank B.　弗兰克·本杰明·戈尔雷，133
Gonzáles de Molina, Manuel　曼纽尔·冈萨雷斯·德·莫里纳，63
González Jácome, Alba　阿尔巴·冈萨雷斯·哈科梅，80
Gorongosa National Park, Mozambique　莫桑比克戈龙戈萨国家公园，7，79，117
Goudie, Andrew　安德鲁·古迪，87
Gowdy, John M.　约翰·高迪，77，112
Graham, Otis　奥蒂斯·格雷厄姆，43，111
Grand Canyon　大峡谷，38，45，103
Grant, Peter R.　彼得·格兰特，118
Grant, B. Rosemary　罗斯玛丽·格兰特，118
Great Plains　大平原，8，34，42，104，125

Greece, Greeks 希腊；希腊人，5，12，16，19，21—22，24，26，41，44，63—65，82，91，96，106，127
Green, William A. 威廉·格林，10
Green Movement 绿色运动，59
Green Party (Die Grünen), Germany 德国绿党，59
Green politics 绿色政治，98
greenhouse gases 温室气体，7，84
Greenland 格陵兰岛，13，88，128
Griffiths, Tom 汤姆·格里菲斯，73—74，96
Grove, A. T. 艾尔弗雷德·格罗夫，63
Grove, Richard H. 理查德·格罗夫，14，27—29，36，50，56，68，73，77，95—96
Guha, Ramachandra 拉马昌德拉·古哈，53，66，68，82，97，108

H

habitat 栖息地，15，91，115—116
Haila, Yrjö 亚乔·海拉，60
Haiti 海地，88，104
Hall, Marcus 马尔库斯·霍尔，51，117
Hara, Motoko 原宗子，72
Hard Rock Café, Beverly Hills 硬石咖啡馆，95
Hardesty, Donald 唐纳德·哈德斯蒂，11
Harris, Douglas 道格拉斯·哈里斯，54
Harris, William V. 威廉·哈里斯，82
Harvard University 哈佛大学，53
Hatvany, Matthew 马修·哈特凡尼，55
Havana 哈瓦那，80
Hawaii 夏威夷，76，97，129
Hays, Samuel P. 塞缪尔·海斯，12，36—38，44
Headland, Thomas L. 托马斯·赫德兰，95
Henderson, Henry L. 亨利·亨德森，44
Helsinki 赫尔辛基，60
Henley, David 大卫·亨利，69
H-Environment Discussion Network 环境史讨论网，131
Heraclitus 赫拉克利特，95
Hernan, Robert Emmet 罗伯特·埃米特·赫纳恩，115
Herodotus 希罗多德，16，19，21
Hill, Christopher 克里斯托弗·希尔，68
Himalaya Mountains 喜马拉雅山，2，68
Hinduism 印度教，29，67
Hippocrates 希波克拉底，5，21
Hirt, Paul W. 保罗·赫特，45
Hispaniola 伊斯帕尼奥拉岛，88
Historia Ambiental Latinoamericana y Caribeña (journal) 《拉丁美洲和加勒比环境史》，80
Hoag, Heather J. 希瑟·霍格，79
Hoffmann, Richard C. 理查德·霍夫曼，55，81
Holm, Poul 波尔·霍尔姆，58，120
Holmes, Steven J. 斯蒂文·霍尔姆斯，43
Homer 荷马，99
Horace 贺拉斯，106
Horden, Peregrine 佩里格林·霍登，63
Hoskins, W. G. W.G. 霍斯金斯，57
Hughes, J. Donald J. 唐纳德·休斯，63，76，82，90，92
Hughes, Lotte 洛特·休斯，96
Hui of Liang, King 梁惠王 / 惠王，24—25
humanistic inquiries 人文探索，9—10，12，14，59，102，123，125
Humboldt, Alexander von 亚历山大·冯·洪堡，49，51

Hungary 匈牙利，61
Hunt, Terry L. 特里·亨特，75
hunting 打猎/狩猎，6，15，20，27，49，55，90，92，94，115，117，125
Huntington, Ellsworth 埃尔斯沃思·亨廷顿，51
hurricanes 飓风，120，129
Hutton, Drew 德鲁·赫顿，74
Huxley, Julian 朱利安·赫胥黎，15
Hymettos, Mount 依米托斯山，22，128

I

Ibn Khaldun 伊本·赫勒敦，26
Ibsen, Hilde 希尔德·易卜生，89
India 印度，2，17，28—29，50，53，64—68，82，92—93，96—97，103，113，115，120，132
Indiana Dunes 印第安纳沙丘，103
Indians, American 美洲印第安人 *see* Native American Indians 参见美洲本土印第安人
indigenous peoples 本地民族，11，28，83，94，98，106
Indonesia 印度尼西亚，48，53，69，97，115
Indonesian Environmental History Newsletter 《印度尼西亚环境史通讯》，69
Industrial Revolution 工业革命，6，53，57，92，112，125
insects 昆虫，118
intellectual history 思想史，8，12，38，51
interdisciplinary 跨学科，9—10，39，52，73—74，101—102，133
International Consortium of Environmental History Organizations（ICE-HO） 国际环境史组织联盟，52，131
International Monetary Fund (IMF) 国际货币基金组织，111
Internet 互联网，36，49，61
Inuit, Greenland 因纽特人，88
Isaacman, Allen F. 艾伦·伊萨克曼，79
Isenberg, Andrew 安德鲁·伊森伯格，42
Isidore of Seville 塞维利亚的伊西多尔，27
Islam 伊斯兰教，26
Isolationism 孤立主义，51
Italy, Italians 意大利，27，29，51，56，64，114，117
Ivory trade 象牙贸易，79

J

Jacobs, Nancy J. 南希·雅各布斯，77
Jacobs, Wilbur R. 威尔伯·雅各布斯，42
Jadavpur University, Kolkata 加尔各答贾达珀大学，68
Jainism 耆那教，29
Jamison, Andrew 安德鲁·詹米森，60
Japan, Japanese 日本/日本人/日文，71—72，85，114
Java 爪哇，48
Jefferson, Thomas 托马斯·杰弗逊，29
Jelecek, Leos 利奥斯·杰勒塞克，61
Jimbaran 吉姆巴兰，69
Johnson, Lyndon B. 林登·约翰逊，37
Jordan, William R. 威廉·乔丹，117
Jordanes 约丹尼斯，27
Jørgensen, Arne 阿恩·约根森，49
Jørgensen, Dolly 多莉·约根森，49
Josephson, Paul 保罗·约瑟夫森，62
Journal of World History 《世界史杂志》，53
Judd, Richard W. 理查德·贾德，43

K

Kagawa University, Takamatsu 高松市香川大学，72
Kansas 堪萨斯，42，71，129
Karikan (Dark Forest) 卡里坎（黑暗森林），66
Karnataka, India 卡纳塔克邦，66，120，127
Katrina, Hurricane 卡特里娜飓风，129
Kazakhstan 哈萨克斯坦，17
Kelm, Mary-Ellen 玛丽-埃伦·凯尔姆，55
Kelman, Ari 阿里·克尔曼，46，129
Kennedy, John F. 约翰·肯尼迪，37
Kenya 肯尼亚，78
Kew Gardens 丘园，96
Khan, Farieda 法里达·卡恩，78—79
Kimambo, Isaria N. 伊萨里亚·基曼博，78
King, Michael 迈克尔·金，75
kingdoms of India 印度王国，29
Kinkela, David 戴维·金凯拉，92
Kirch, Patrick V. 帕特里克·基尔希，75—76
Kjaergaard, Thorkild 索基尔德·卡尔加德，61
Kjejkshus, Helge 海尔格·谢克苏斯，77
Klein, Markus 马尔库斯·克莱恩，59
Klingle, Matthew 马修·克林格尔，46
Knight, Catherine 凯瑟琳·奈特，75
koa tree 寇阿树，129
Kolkata (Calcutta) 加尔各答，68
Korea 韩国，72
Krech, Shepard 谢泼德·克雷希，9
Kreike, Emmanuel 伊曼纽尔·克里克，117
Krivosheina, Galina 加里娜·克里沃谢娜，62
Kruger National Park, South Africa 南非克鲁格国家公园，78
Kumaon University, India 印度库马恩大学，68
Kumar, Deepak 迪帕克·库马尔，68，96
Kumta, India 印度吉姆达，120
Kyoto Protocol 《京都议定书》，95

L

La Niña 拉尼娜，95
see also El Niño 参见厄尔尼诺
Laakkonen, Simo 西莫·拉克奈，60
Ladurie, Emmanuel Le Roy 埃马纽埃尔·勒华·拉迪里，13，32—33，58
LaFreniere, Gilbert 吉尔伯特·拉弗雷尼埃，13
Lamb, Hubert H. 休伯特·兰姆，13
Lammi, Finland 芬兰拉米，60
land management 土地管理，22—24，27，29，35，37，41，43，45，61，112，124，134
land mosaic 马赛克式土地，42，125，127
landscape 景观，8，17，24，26，29，31，33，38，57，60，67，73—74，77，96，100，114，120，127，129
Las Vegas, Nevada 内华达州拉斯维加斯，46
Lascaux 拉斯科岩洞，99
Laszlovsky, József 乔斯泽夫·拉兹洛夫斯基，61
Last Judgment 最后审判，107
Latin America 拉丁美洲，54，64，79—81，97，103
Latin language 拉丁语，13
Laures, Robert A. 罗伯特·劳勒斯，81
Lawrence, Mark 马克·劳伦斯，92

Le Goff, Jacques 雅克・勒高夫，32
Leach, Helen M. 海伦・利奇，75
Lear, Linda 琳达・利尔，44
Leiden 莱顿，69
Leopold, Aldo 奥尔多・利奥波德，16，44
Levins, Richard 理查德・莱温斯，60
Leynaud, Emile 艾米莉・雷纳德，58
Liarakou, Georgia 乔治亚利亚拉库，65
Liberia 利比里亚，97
libraries 资料馆 / 图书馆，50，81，129—130
Library of Congress 国会图书馆，129
Linnér, Björn-Ola 比约恩—奥拉・林奈，56，111
lions 狮子，115
Little Ice Age 小冰期，33，93
Liu Tsui-jung 刘翠溶，70，72
London 伦敦，57，95
"Lonesome George" "孤独的乔治"，134
Loo, Tina 蒂纳・卢，55
Louvre, Paris 巴黎卢浮宫，20
Lowenthal, David 戴维・洛恩塔尔，43
Lubick, George M. 乔治・卢比克，117
Lund University, Sweden 瑞典隆德大学，61

M

Maathai, Wangari 旺加里・马塔伊，98
MacDonald, Alan R. 艾伦・麦克唐纳，57
MacDowell, Laura S. 劳拉・塞夫顿・麦克道尔，54
MacEachern, Alan 艾兰・麦凯克恩，54
MacGregor, Sherilyn 谢里琳・麦格雷戈，97
MacKenzie, John M. 约翰・麦肯齐，96
MacLennan, Carol A. 卡尔・麦克丹尼尔，76
mad cow disease (BSE) 疯牛病（BSE），64
Maddox, Gregory H. 格雷戈里・马多克斯，77
Madeira 马德拉，64
Maine, University of 缅因大学，129
Malin, James 詹姆斯・马林，34，42，49
Malthusianism 马尔萨斯人口论，110—111
Man and the Biosphere Program, UNESCO 联合国教科文组织"人与生物圈计划"，112
Manganiello, Christopher J. 克里斯托弗・曼加涅洛，43
mangroves 红树林，120
Manion, Annette 安妮特・马尼恩，87
Manore, Jean 简・马诺尔，55
Manski, Ernst-Eberhard 恩斯特-埃伯哈德・曼斯基，56
Maori 毛利人，74—75
Marks, Robert B. 马立博，8，70—71，92，94
Marsh, George Perkins 乔治・珀金斯・马什，29—31，43，49，51
Martí, José 何塞・马蒂，80
Martin, Calvin L. 卡尔文・马丁，40—41
Martínez-Alier, J. J. 马丁内斯—阿里尔，63
Marx, Karl 卡尔・马克思，108
Marxism 马克思主义，16，108
Massard-Guilbaud, Geneviève 吉内维夫・马萨特-吉尔伯德，58
materialism, historical 历史唯物主义，109

Mauch, Christof　克里斯托夫·毛赫，134
Mauldin, Erin Stewart　艾琳·斯图尔特·毛尔丁，92
Mauritius　毛里求斯，29
Maxwell, Robert S.　罗伯特·麦克斯维尔，50
Maya　玛雅，110
McCann, James C.　詹姆斯·麦克卡恩，77—78
McCormick, John　约翰·麦考密克，98
McDaniel, Carl N.　卡尔·麦克丹尼尔，77，112
McEvoy, Arthur　亚瑟·麦克沃伊，120
McKinley, Daniel　丹尼尔·麦金利，14
McNeil, John R.　约翰·麦克尼尔，6，8—9，36，63，75，82，92—94，100，103，109，131
McNeil, William H.　威廉·麦克尼尔，6，11
Mediterranean Sea　地中海，21，29，33，51，62—65，81—82，120，128
Mei Xueqin　梅雪芹，71
Meiggs, Russell　拉塞尔·梅格斯，82
Melanesia, Oceania　美拉尼西亚，75
Melosi, Martin V.　马丁·梅洛西，45—46，48
Melville, Elinor G. K.　埃莉诺·梅尔维尔，81，106
Mencius　孟子，22—25
Mendelian genetics　孟德尔遗传学，118
Mendonça, Angela　安吉拉·门多萨，64
Merchant Carolyn　卡罗琳·麦钱特，3，40—41，43，47，82，98，108，122—124
Mesopotamia　两河流域，63
Mexico　墨西哥，17，80—81，106
Mezquital, Valley of, Mexico　墨西哥梅斯基塔尔山谷，81，106
Micronesia, Oceania　大洋洲密克罗尼西亚，75
Middle Ages　中世纪，13，26—27，81，107
Middle East　中东，65
migrations
animals and plants　动植物迁徙，5
humans　人类移民 / 移居，78，109
Mikhail, Alan　艾伦·米哈伊尔，65
military history　军事史，11，17，21，27，59，71—72，81，93，109
Mill, John Stuart　约翰·斯图尔特·密尔，51
Miller, Char　查尔·米勒，8，36，44，65
mining　采矿 / 采矿业，6，25，37，48，60，109，116
Minnesota Historical Society　明尼苏达历史学会，50
moai (monolithic statues)　茅伊（巨大雕像），88
monasticism　修道院，26
monsoon, South Asian　南亚季风，96
Montreal　蒙特利尔，55
Montreal Protocol　蒙特利尔议定书，112
Morello, Jorge　乔治·莫雷洛，80
Mosley, Stephen　斯蒂芬·莫斯利，91—92
Mortimer-Sandilands, Catriona　卡特里奥娜·莫蒂默—桑迪兰兹，55
Mount Rainier National Park　雷尼尔山国家公园，44
Mozambique　莫桑比克，7，79，117
Muir, John　约翰·缪尔，36，38，43
Mumford, Lewis　刘易斯·芒福德，86
Murayama, Satoshi　村山聪，72
Murray-Darling Basin, Australia　澳大利亚墨累—达令流域，74
Muscolino, Micah　穆盛博，71

museums 博物馆，59，128，131
Muslims 穆斯林，26
Myllyntaus, Timo 蒂莫·米林陶斯，57，60，92

N

Namibia 纳米比亚，117
Nainital, India 印度奈尼塔尔，68
Nankai University, Tianjin 天津南开大学，70
Nash, Roderick 罗德里克·纳什，8，38—39
National Institute of Science, Technology, and Development Studies, India 印度国立科技与发展研究所（NISTADS），68
national parks 国家公园，7，17，37—38，44—45，77—79，117
Native American Indians 美洲原住民印第安人，6，9，17，40—41，43，54
natural gas 天然气，114
natural history 自然史，97，128
natural resources 自然资源，99，108
Nauru 瑙鲁，76—77，112
Navajo Reservation 保留地，41
Neboit-Guilhot, R. 尼博伊特—吉尔霍特，58
Netherlands 荷兰，52，56，59—60，69
Nevada 内华达州，46
New Caledonia 新喀里多尼亚，73
New Delhi 新德里，68，132
New England 新英格兰，43
New Guinea 新几内亚，73，75
New Orleans 新奥尔良，46，115，128
New World 新大陆，6，40，78，81，106
New Zealand 新西兰，54，72—75，97，119，129
Nienhuis, Piet H. 皮埃特·尼恩赫斯，60
Nile River 尼罗河，63
Nîmes (Nemausus) 尼姆，25
Nixon, Richard M. 理查德·尼克松，38
Nixon, Rob 理查德·尼克松，115
Norman forest law, England 英国诺曼森林法，27
Norse, Greenland 格陵兰岛挪威人，88
North America 北美/北美洲，9，30，34，41，49，52—54，56，81，114
North Atlantic Ocean 北大西洋，96
North Carolina 北卡罗来纳州，50，130
North Korea 北朝鲜，72
Northern Europe 北欧，60
Northern Mediterranean 地中海北部国家，62
Norwood, Vera 维拉·诺伍德，36
nuclear power 核动力，3，114
nuclear weapons 核武器，3，38

O

Oceania 大洋洲，75—76
oceans 海洋/大洋 3，28，75，84，95，119，121
Öckerman, Anders 安德斯·奥克曼，61，89
O'Connor, James 詹姆斯·奥康纳，100，108—109
O'Gorman, Emily 埃米丽·奥戈尔曼，74
oikos, oikoumene 家庭/有人居住的世界，12
olives 橄榄，128
Oosthoek, Jan 扬·奥斯托耶克，92
Opie, John 约翰·奥佩，8，39，41，102—103
Orenstein, Daniel 丹尼尔·奥伦斯坦，65
Ortega Santos, Antonio 安东尼奥·奥尔特加·桑托斯，64
Ortiz Monasterio, Fernando 费尔南

多·奥蒂兹·莫纳斯特利欧，80
Osborn, Matt　马特·奥斯本，56—57
Otago, University of　奥塔戈大学，129
Otomí　奥拓米人，106
overgrazing　过度牧养，106
owl, spotted　斑点猫头鹰，115
Ox Mountain　牛山，23
Oxford, University of　牛津大学，77，101，129
ozone layer　臭氧层，2，112

P

Pacific Historical Review《太平洋历史评论》，53
Pacific Islands　太平洋诸岛，72，75，88—89，97，127
Pacific Ocean　太平洋，14，92，95，119，125
Pádua, José Augusto　何塞·奥古斯托·帕杜亚，3，100
Pakeha (non-Maori colonists)　帕基哈，74—75
palynology　孢粉学，128
pandas　大熊猫，115—116
Paris, France　法国巴黎，20
Park, Geoff　杰夫·帕克，75
Parmentier, Isabelle　伊莎贝尔·帕芒蒂埃，60
Paul the Deacon　助祭保罗，27
Pawson, Eric　埃里克·波森，73，75
Pearson, Byron E.　拜伦·皮尔森，45
Peneios River, Greece　希腊佩内奥斯河，91
Pentelicus, Mount, Greece　彭特里库斯山，128
Pericles　伯里克利，127
Persia　波斯，20，24
petroleum, gasoline　石油 / 汽油，38，114
Petulla, Joseph M.　约瑟夫·佩图拉，41
Pfeifer, Katrin　卡特林·菲弗，115
Pfeifer, Niki　尼基·菲弗，115
Pfister, Christian　克里斯蒂安·普菲斯特，13，57，59
Philip II, Spain　西班牙菲利普二世，33
Philippines　菲律宾，97
philosophy　哲学 / 体系，8—9，12，18，22，26，28，32，39，47，57，63，80，96，106，133
phosphate industry　磷酸盐工业，76，112
pigeons　鸽子，118
pigs　猪，89
Pinchot, Gifford　吉福德·平肖，37，44
Pinkett, Harold　哈罗德·平克特，44
Plack, Noelle　诺埃尔·普拉克，58
plagues　瘟疫，5，6，20，81，107，114
Plath, Ulrike　乌尔里克·普拉斯，61
Plato　柏拉图，22，106
Poivre, Pierre　皮埃尔·普瓦夫尔，29，49，58
pollution　污染，6，32，48，65，81，103，110，114—115
  air　空气污染，2，7，38，45，57，59，64，84，99，105，114，128
  soil　土地污染，45
  urban　城市污染，27，46，57，105
  water　水污染，3，38，45，57，59，99，112，120
Polynesia, Oceania　大洋洲波利尼西亚，74—75，88，129
Pomeranz, Kenneth　彭慕兰，92
Pont du Gard, France　嘉德水道桥，25
Ponting, Clive　克莱夫·庞廷，89
population　人口，3，6，8，21，27，70，78，81，88，90，92—93，109—112，133

Porter, Dale H. 戴尔·波特，57
Portugal 葡萄牙，52，64
Powell, J. M. J. M. 鲍威尔，10，74
Powell, John Wesley 约翰·韦斯利·鲍威尔，37，43
Prague 布拉格，56，61，65
presentism 现在主义，105—106
Price, Jennifer 珍妮弗·普赖斯，47
Pritchard, Sara P. 塞拉·普里查德，49
professionalism 专业化，10，53，101—102，132
Progressive Conservation Movement 进步的资源保护运动，35—37，44
Prussia 普鲁士，51
Ptolemy 托勒密，26
Purcell, Nicholas 尼古拉斯·珀塞尔，63
Pursell, Carroll 卡罗尔·帕塞尔，48
Pylos 皮洛斯，21
Pyne, Stephen J. 斯蒂芬·派恩，40，74，95，102

Q

Quebec 魁北克，54—55

R

Rachel Carson Center 雷切尔·卡森环境与社会研究中心，59
racism 种族主义，46，92，96，110
Rackham, Oliver 奥利弗·拉克姆，57，63
Rácz, Lajos 拉乔斯·拉奇，61
radioactivity 放射性，3，6—7，38，84
Radkau, Joachim 乔基姆·拉德卡，17，36，59，89，90
rainforests 雨林，81，95，98，127
Rajala, Richard 理查德·拉加拉，55
Rajan, Ravi 拉维·拉詹，68
Rangarajan, Mahesh 马赫什·兰加拉詹，68，100
Raumolin, Jussi 约西·拉莫林，60
Rawat, Ajay S. 阿杰伊·罗瓦特，68
Ray, Arthur J. 阿瑟·雷，54—55
Reisch-Owen, A. L. 里斯-欧文，44
religions 宗教，8，11，13，17，89，107，123
Renmin University of China 中国人民大学，71
revolutions
  ecological 生态革命，3，43，61，108—109
  industrial 工业革命，6，57，92，113
  information 信息革命，95
  political-social 政治社会革命，58，70，108
Rhine River 莱茵河，59—60
rhinoceros 犀牛，115
Richards, John F. 约翰·理查兹，93，95，115
Robin, Libby 利比·罗宾，73—74，96，134
Rodman, John 约翰·罗德曼，11
Roe, Alan 艾伦·罗，92
Rolett, Barry 巴里·罗利特，88
Rolls, Eric 埃里克·罗尔斯，73
Rome, Adam 亚当·罗姆，37
Rome, Romans 罗马；古罗马 / 古罗马人，14，25，30，51，63，82，106，115
Roosevelt, Franklin D. 富兰克林·罗斯福，37，44
Roosevelt, Theodore 西奥多·罗斯福，37，44，132
Roxburgh, William 威廉·罗克斯伯勒，29
Royal Botanic Gardens 皇家植物园，96
royal forests, England 英格兰皇家森林，27
Runte, Alfred 艾尔弗雷德·朗特，44

Russell, Edmund　埃德蒙·拉塞尔，118
Russell, William M. S.　威廉·莫伊·斯特拉顿·罗素，86
Russia　俄国 / 俄罗斯，56，62，92

S

sacred groves　圣林，21，66—67
Saikku, Mikko　米科·塞库，57
Sallares, Robert　罗伯特·萨拉勒斯，82
San Francisco　旧金山，95
Sánchez-Picón, Andrés　安德烈斯·桑切斯·皮科恩，63
Sandberg, L. Anders　安德斯·桑德伯格，61
Sandlos, John　约翰·桑德罗斯，55
Sangwan, Satpal　萨特帕尔·桑万，68
Santa Barbara Channel　圣巴巴拉海峡，39
Santa Cruz, California　加州大学圣克鲁斯分校，50
Santa Cruz Island, Galápagos　加拉帕戈斯圣克鲁斯岛，134
Santiago, Chile　智利圣地亚哥，81
Satya, Laxman D.　拉科斯曼·萨提耶，68
Sauer, Carl Ortwin　卡尔·奥尔特温·索尔，51，86
Scandinavia　斯堪的纳维亚，89
Schrepfer, Susan　苏珊·施雷普弗，47
Schwartz, Stuart B.　斯图亚特·施瓦茨，4
Scotland, Scottish　苏格兰 / 苏格兰人 / 苏格兰的，29，30，56—58，96，131
sea, environmental history of the　海洋环境史，119—120
Sears, Paul B.　保罗·西尔斯，14
Sedrez, Lise　莉萨·塞德勒兹，80
Seirinidou, Vaso　瓦索·塞里尼杜，65
Sellars, Richard W.　理查德·塞勒斯，44
Semple, Ellen Churchill　艾伦·丘吉尔·辛普尔，51
Semple, Noel　诺埃尔·森普尔，75
Seville, Spain　西班牙塞维利亚，63
Shapiro, Judith　夏竹丽，70
Sheail, John　约翰·希埃尔，57
Shen Hou　侯深，71
sheep　羊 / 绵羊，23，41，81，106，119
Shelford, Victor　维克多·谢尔福德，15
Shepard, Paul　保罗·谢泼德，14
shikargahs　禁猎区，29
shrimp　虾，120
Sichuan Province, China　中国四川省，116
Sicily　西西里，21
Sierra Club　塞拉俱乐部，38，45
Simmons, Ian Gordon　伊恩·戈登·西蒙斯，11，57，87，123，125—126
Singh, Rana P. B.　拉纳·辛格，67
Slovakia　斯洛伐克，61
Smith, Tim　蒂姆·史密斯，120
Smithers, Gregory D.　格雷戈里·史密瑟斯，9
Smout, Thomas C.　托马斯·C. 斯莫特，57—58
social ecology　社会生态学，98
social history　社会史，8，49，68，75，77，109
social sciences　社会科学，10—11，59，63，70
socialism　社会主义，53
Society for the History of Technology (SHOT)　技术史学会，48
Society of Latin American and Caribbean Environmental History　“拉丁美洲和加勒比环境史学会”，80

soil conservation 土地保护，37，79
soil erosion 土壤侵蚀，28，43，78，106
soils history 土壤的历史，4，21—22，33，45，85，92，97，109，128
Sörlin, Sverker 斯维尔克·索林，61，89
sources, historical 历史资料 / 来源 / 材料，13，50，66，72，77，92，126—130，134
South, global "南部不发达国家"，64
South, United States 美国南部，43
South Africa, University of 南非大学，129
South China 中国南部，8，70
South India 印度南部，66
South Island, New Zealand 新西兰南岛，119
Soviet Union (USSR) 苏联，62，92，97
Spain, Spanish 西班牙；西班牙语，33，43，63，106
Sparta 斯巴达，21
Sponsel, Leslie E. 莱斯利·斯宾瑟尔，95
St Andrews, Scotland 苏格兰圣安德鲁斯，56
St Andrews, University of, Scotland 苏格兰圣安德鲁斯大学，58，129
Stalin, Josef 约瑟夫·斯大林，17
Starkey, David 戴维·斯塔基，120
steel 钢，87，99
Steen, Harold K. "Pete" "皮特"哈罗德·斯蒂恩，44
Steinberg, Ted 泰德·斯坦伯格，41，106
Stevis, Dimitris 迪米特里斯·斯蒂维斯，12
Stevoort, Netherlands 荷兰斯蒂沃特，56
Stewart, Mairi 梅丽·斯图尔特，58
Stewart, Mart A. 马特·斯图尔特，36，49
Stine, Jeffrey K. 杰弗里·斯泰恩，48
Stirling, University of, Scotland 苏格兰斯特林大学，129
stories, historical narratives 故事 / 历史叙事，123—125
Stroud, Ellen 艾伦·斯特劳德，121
Struchkov, Anton 安东·斯特鲁齐可夫，62
sugar 糖 / 糖料作物，76，81，95，97，128
sustainability 可持续，15，24，49，56，61，77，90，97—98，100，108，110，133
Sutter, Paul S. 保罗·萨特，43
Sweden 瑞典，60—61
Switzerland 瑞士，13，57—58
Szabó, Peter 彼得·绍伯，61
Szarka, Joseph 约瑟夫·萨扎卡，58

T

Tai, Mount, China 中国泰山，23
Tal, Alon 阿隆·塔尔，65
taro (kalo) 芋头，129
Tarr, Joel A. 乔尔·塔尔，45，48
Tasmania 塔斯马尼亚岛，113
TeBrake, William 威廉·特布雷克，60，81
technology, history of 技术史，6—8，10，13—14，18，35，40，47—49，59—60，90，95，98—99，112—113，123，128
Thames, River, London 伦敦泰晤士河，57
Theophrastus 泰奥弗拉斯托斯，96
Thessaly, Greece 希腊塞萨利，91
Thirgood, J. V. J. V. 瑟古德，82
Thoen, Erik 埃里克·图恩，60
Thomas, Keith 基思·托马斯，57
Thomas, Philip D. 菲利普·托马斯，50

Thomas, William L., Jr.　小威廉・托马斯，86
Thommen, Lukas　卢卡斯・托曼，82
Thoreau, Henry David　亨利・大卫・梭罗，80
Thucydides　修昔底德，16，21
Thüry, Günther E.　冈瑟・瑟里，82
Tianjin, China　中国天津，70
tigers　老虎，8，69—71，115
Tikopia　蒂科皮亚岛，88—89
timber　木材 / 材木，21，24—25，28，97，112—113
Timur (Tamerlane)　帖木儿，26
Toronto, Canada　加拿大多伦多，54，81
Totman, Conrad　康拉德・托特曼，72
Toynbee, Arnold J.　阿诺德・汤因比，86—87
tree rings　年轮，13，33
see also dendrochronology　参见树木年代学
Tsinghua University, Beijing　北京清华大学，71
Tuan, Yi-Fu　段义孚，70
Tucker, Richard P.　理查德・塔克，95，97
Tunis　突尼斯，26
Turner, B. L., II　B. L. 特纳，86
Turner, Frederick Jackson　弗雷德里克・杰克逊・特纳，34

U

Udall, Stewart L.　斯图尔特・尤德尔，37
Uekötter, Frank　弗兰克・尤科特，59
Ukraine　乌克兰，114
Umea University, Sweden　于默奥大学，61
Unger, Nancy C.　南希・昂格尔，47
United Kingdom (UK)　英国，13，57，129
see also Britain, British; England, English; Scotland, Scottish 参见英国，英格兰，苏格兰等
United Nations (UN)　联合国，98，109
United Nations Educational, Scientific, and Cultural Organization (UNESCO)　联合国教科文组织，60，112
United Nations Environment Program　联合国环境规划署（UNEP），98，112
United States　美国，12，35—51，97
Federal Land Survey　联邦土地调查，42
Forest Service　林务局，37，44
National Park Service　国家公园管理局，37，44
Uppsala University, Sweden　乌普萨拉大学，61
urban environmental history　城市史，3，7—8，26，35，45—46，48，55，58，70，73，77，90，106，112，116，128
Urban History Review　《城市史评论》，55
Utah　犹他州，41
Uttara Kannada (North Canara)　北卡纳达，66，120

V

van Dam, Petra J. E. M.　佩特拉・范・达姆，60，81
van de Ven, G. P.　G. P. 范德文，60
van der Windt, H. J.　亨利・范德温特，60
van Sittert, Lance　兰斯・范斯塔特，119
Varanasi, *see* Banaras　瓦拉纳西，参贝拿勒斯
Verbruggen, Christophe　克里斯托夫・范布鲁根，60

Vesuvius, Mount, Italy 意大利维苏威火山，114
Vieira, Alberto 阿尔贝托·维埃拉，64
Virgil 维吉尔，98
Vitale, Luis 路易斯·维塔尔，80
Vlassopoulou, Chloé 克洛伊·韦拉索波罗，64

W

Walker, Brett L. 布雷特·沃尔克，72
Wang Lihua 王利华，70
warfare 武装冲突 / 战争，3，6，11，18，21，25，61，70—71，107，115，118
Washington, State of 华盛顿州，44
Watson, Fiona 菲奥娜·沃森，57
Weart, Spencer R. 斯宾塞·维阿特，13—14
Webb, Walter Prescott 沃尔特·普雷斯科特·韦布，34，42
Webb, James L. A. 詹姆斯·韦伯，68
Weeber, Karl-Wilhelm 卡尔-威勒姆·韦伯，82
Weiner, Douglas R. 道格拉斯·维纳，17，62
Wells, H. G. H. G. 威尔斯，107
West, American 美国西部，8，34，37
West Bengal 西孟加拉邦，68
West, cultural 西方文化，9，13—14，16，26，29，42，94
West Indies 西印度群岛，95
Western Ghats Mountains 西高止山脉，67
whales 鲸鱼，112，115，119
White, Lynn 林恩·怀特，13
White, Richard 理查德·怀特，36，40
White, Sam A. 萨姆·怀特，65
wilderness 荒野，3，8，26，31，35，38，55，66，82，105，126
wildlife 野生动物 / 野生动植物 / 野生生物，7，29，37，55，68，72，77—78，103，114，117
Wilkins, Thurman 瑟曼·威尔金斯，43
Williams, Michael 迈克尔·威廉斯，50，94，114，133
Wilson, Woodrow 伍德罗·威尔逊，132
wine 葡萄酒，58，128
Winiwarter, Verena 韦雷娜·维尼沃特，56，58
Winstanley-Chesters, Robert 罗伯特·温斯坦利—切斯特斯，72
Wisconsin, University of 威斯康星大学，129
Wolong, China 中国卧龙，116
women's history 女性史，17，22，46—47，68，110
wood 木材，25，33，85，110，112—114，128—129
Woolner, David B. 大卫·伍尔纳，44
World Congress of Environmental History (2014) 2014 年世界环境史大会，64
world environmental history 世界环境史，1，10，14，19，30，41，49，52—53，57，62，70，84—100，125，133
world forest history 世界森林史，50，94—95
world history texts 世界史教材，98—99
world market economy 世界市场经济，95，111，113
World War I 一战，107
World War II 二战，38，71，111，118
World Wildlife Fund 世界野生动物基金，103
Worster, Donald 唐纳德·沃斯特，1，8，10，36，39—40，42—43，

53，71，82，92，103，122—124，133
Wynn, Graeme　格雷姆·温，54

X

Xenophon　色诺芬，24
Xia Mingfeng　夏明方，71

Y

Yale University　耶鲁大学，50，66
Yellow River　黄河，71
Yellowstone National Park　黄石公园，37
Yeongwol Yonsei Forum　宁越延世大学论坛，72
Yerolympos, Alexandra　亚历山德拉·耶罗林普斯，65

Z

Zeller, Suzanne　苏珊娜·泽勒，55
Zeus　宙斯，20
Zimbabwe　津巴布韦，79
Zupko, Ronald E.　罗纳德·祖普科，81

J. 唐纳德·休斯著述一览*

一、著作 (Books)：

Environmental Problems of the Greeks and Romans: Ecology in the Ancient Mediterranean. (Second edition of *Pan's Travail*). Baltimore: Johns Hopkins University Press, 2014, in press.

What is Environmental History? Cambridge, UK: Polity Press, 2006. Part of the series, "What is History?" Chinese translation, Peking University Press, 2008. Croatian translation: *Što je povijest okoliša?* Zagreb: Disput Publishing House, 2011. Translations in preparation: Spanish (University of Valencia Press), Korean (Nanjang E Books), Estonian. Second edition, 2016.

The Mediterranean: An Environmental History. Santa Barbara, CA: ABC-CLIO, 2005. Part of the series, "Nature and Human Societies."

An Environmental History of the World: Humankind's Changing Role in the Community of Life. London and New York: Routledge, 2001. Paperback edition 2002. (Routledge Studies in Physical Geography and Environment). Second Edition, 2009.
Japanese translation: *Sekai No Kankyo No Rekishi: Seimei Kyodotai Ni Okeru Ningen No Yakuwari*, Tokyo: Akashi Shoten (Akashi Library Series, No. 62), 2004.
Swedish translation: *Världens miljöhistoria*, Stockholm: SNS Förlag, 2005.
Finnish translation: *Maailman Ympäristöhistoria*, Tampere: Vastapaino, 2008.
Chinese translation, 2014.

The Face of the Earth: Environment and World History. Edited by J. Donald Hughes. Armonk, NY: M.E. Sharpe, 2000. Contains two articles by the editor,

---

* 休斯生前整理的最后一版，译者于2020年春下载自 http://portfolio.du.edu/dhughes。这一网页已被删除。

"Ecological Process and World History," 3–21, and "Biodiversity and World History," 22–46, and five essays by other authors.

Pan's Travail: Environmental Problems of the Ancient Greeks and Romans. Baltimore: Johns Hopkins University Press, 1994. Paperback edition, 1996.

Ecology in Ancient Civilizations. Albuquerque, NM: University of New Mexico Press, 1975. Spanish translation: *La Ecología en las Civilizaciones Antiguas*, Mexico City: Fondo de Cultura Económica, 1982.
Korean translation: *Go-dae Mun-myung-ui Hwan-kyung-sa*, Seoul: Science Books Co., 1998.

Ecological Consciousness: Essays from the Earthday X Colloquium, University of Denver, April 21–24, 1980. Edited by Robert C. Schultz and J. Donald Hughes. Washington, DC: University Press of America, 1981. Includes an article by the editors, "The Humanities and the Problems of Human Ecology," 1–22.

North American Indian Ecology. El Paso, TX: Texas Western Press, 1996. Second edition of *American Indian Ecology*, first published in 1983.

American Indians in Colorado. Boulder, CO: Pruett Press, 1977. Second edition, 1987.

In the House of Stone and Light: Introduction to the Human History of Grand Canyon. Grand Canyon, AZ: Grand Canyon Natural History Association, 1978. (Winner of the National Park Cooperating Associations Book Award, 1977–78). Reprinted 1985, 1988, 1991, 1997.

The Story of Man at Grand Canyon. Grand Canyon, AZ: Grand Canyon Natural History Association and National Park Service, 1967.

二、论文和著作章节（Refereed Articles and Chapters in Books）：

"Cautionary Perspectives of Environmental History," in *Berichte: Geographie und Landeskunde* (Leipzig, Deutschen Akademie für Landskunde e. V. und des Leibniz-Instituts für Länderkunde), edited by Rüdiger Glaser, Winfried Schenk,

Joachim Vogt, Reinhard Wiessner, Harald Zepp, und Ute Wardenga, 87. Band, Heft 3, 2013, pp. 263–276.

"The Environmental Frontier of History," in *Exploring the Green Horizon: Aspects of Environmental History*, edited by Amit Bhattacharyya, Nupur Dasgupta, and Rup Kumar Barman. Kolkata: Setu Prakashani, 2013.

"Warfare and Environment in the Ancient World," in *The Oxford Handbook of Warfare in the Classical World*, edited by Brian Campbell and Lawrence A. Tritle. New York: Oxford University Press, 2013, pp. 128–139.

"Responses to Natural Disasters in the Greek and Roman World," in *Forces of Nature and Cultural Responses*, edited by Katrin Pfeifer and Niki Pfeifer (dedicated to J. Donald Hughes). Dordrecht: Springer, 2013, pp. 111–137.

"The Ancient World, c. 500 BCE to 500 CE," in *A Companion to Global Environmental History*, edited by J. R. McNeill and Erin Stewart Mauldin. Chichester: Wiley-Blackwell, 2012, pp. 18–38.

"Environmental History and the Older History," in *Natureza e Cidades: O Viver entre Águas Doces e Salgadas* (*Nature and Cities: Life among Waters Fresh and Saline*), edited by Gercinair Silvério Gandara. Goiânia, Goiás, Brazil: Editora da PUC Goiás, 2012, pp. 23–34.

"Sustainability and Empire," *Hedgehog Review* 14, No. 2 (Summer 2012): 26–36.

"Environmental Movements," in *World Environmental History* (Berkshire Essentials), edited by William H. McNeill, et al. Great Barrington, MA: Berkshire Publishing Group, 2012, pp. 97–104.

"What Does Environmental History Teach?" and "New Orleans: An Environmental History of Disaster," in *Natural Resources, Sustainability and Humanity: A Comprehensive View*, edited by Angela Mendonça, Ana Cunha, and Ranjan Chakrabarti. Dordrecht: Springer, 2012, pp.1–16, 17–28.

"The Montreal Agreement is a Good Example of How to Deal with a Global Environmental Problem," in *Global Change: Interviews with Leading Climate Scientists*, edited by Georg Götz. Heidelberg: Springer, 2012, pp. 49–53.

"Ancient Deforestation Revisited," *Journal of the History of Biology* 44, No. 1 (April 2011): 43–57.

"Environmental Movements," in *Berkshire Encyclopedia of World History*, Second Edition, edited by William H. McNeill, et al. Great Barrington, MA: Berkshire Publishing Group, 2011, pp. 926–33.

"Ta iera temeni stin arhea Ellada ke i pikilia ton ikosistimaton tous" ("Sacred Groves in Ancient Greece and the Diversity of Their Ecosystems"), in *Perivallontiki Istoria: Meletes ya tin arhea ke ti sinhroni Ellada* (*Environmental History: Essays on Ancient and Modern Greece*), edited by Chloe Vlassopoulou and Georgia Liarakou. Athens: Pedio Press, 2011, pp. 25–58. (A previous version was published in Athens: Ellinika Grammata, 2010, pp. 25–67.)

"Interview: J. Donald Hughes," *Environmental History* 15, No. 2 (April 2010): 1–14.

"Environmental History" and "Environmental Philosophy: I. Ancient Philosophy" in *Encyclopedia of Environmental Ethics and Philosophy*, edited by J. Baird Callicott. Macmillan Reference Books, 2008, Vol. 1, pp. 332–339, 355–359.

"Three Dimensions of Environmental History," *Environment and History* 14, No. 3 (August 2008): 319–330.

"John Muir and Gifford Pinchot at Grand Canyon," in *Reflections of Grand Canyon Historians: Ideas, Arguments, and First-Person Accounts*, edited by Todd R. Berger. Grand Canyon, AZ: Grand Canyon Association, 2008, pp. 141–145.

"Global Environmental History: The Long View," in *The Globalization of Environmental Crisis*, edited by Jan Oosthoek and Barry K. Gills. London and New York: Routledge, 2008, pp. 11–26.
Chinese translation, *Global History Review* (School of History, Capital Normal University, Beijing), Vol. 4 (2012), pp. 103–123.

"Hunting in the Ancient Mediterranean World," in *A Cultural History of Animals in Antiquity*, edited by Linda Kalof. Oxford and New York: Berg (Oxford International Publishers Ltd.), 2007, pp. 47–70.

"Women Warriors: The Environment of Myth." *Environmental History* 12 (April 2007): 316–318. A review essay of the motion picture films, "The Land Has Eyes" and "The Whale Rider."

"Environmental Impacts of the Roman Economy and Social Structure: Augustus to Diocletian," in *Rethinking Environmental History: World-System History and Global Environmental Change*, edited by Alf Hornborg, J. R. McNeill, and Joan Martinez-Allier. Lanham, MD: Altamira Press (Rowman and Littlefield), 2007, pp. 27–40.

"The Natural Environment," in *A Companion to the Classical Greek World*, edited by Konrad H. Kinzl. Oxford: Blackwell Publishing, 2006, pp. 227–244.

"The Mosaic of Culture and Nature: Organization of Space in an Inhabited Cosmos." *Nature and Culture* 1, No. 1 (Spring 2006): 1–9.

"Nature and Culture in the Pacific Islands," *Leidschrift: Historisch Tijdschrift* (University of Leiden, Netherlands) 21, No. 1 (April 2006): 129–143. (Special issue, "Culture and Nature: History of the Human Environment").

"Egypt — Ancient," "Greece — Classical," and "Roman Religion and Empire," in *The Encyclopedia of Religion and Nature*, 2 vols., edited by Bron R. Taylor and Jeffrey Kaplan. London: Continuum, 2005. Vol. I, pp. 575–577, 716–718; Vol. II, pp. 1412–1414.

"Global Environmental History: The Long View," *Globalizations* 2, No. 3 (December 2005): 293–308. Chinese translation, *Global History Review* (Beijing, Capital Normal University), Vol. 4 (2011), pp. 103–123.

"Resuming the Dialogue with Ishmael," *Environmental History* 10, No. 4 (October 2005): 705–707.

"Scenery versus Habitat at the Grand Canyon," in *A Gathering of Grand Canyon Historians: Ideas, Arguments, and First-Person Accounts*, edited by Michael F. Anderson. Grand Canyon, AZ: Grand Canyon Association, 2005, pp. 105–110.

"The Greening of World History," in *Palgrave Advances in World Histories*, edited by Marnie Hughes-Warrington. Houndmills (UK) and New York: Palgrave Macmillan, 2005, pp. 238–255.

"Green or Environmental Movements," in *Berkshire Encyclopedia of World History*, 5 vols, edited by William H. McNeill, Jerry H. Bentley, David Christian, David Levinson, J. R. McNeill, Heidi Roupp, and Judith P. Zinsser. Great Barrington, MA: Berkshire Publishing Group, 2005. Vol. 3: 866–870.

"Groves, Goddesses and Guarded Ground: Cross Cultural Comments on Sacred Space," *EMCBTAP-ENVIS Newsletter* (Environmental Management Capacity Building Technical Assistance Project — Environmental Information System, CPR Environmental Education Centre, Chennai, India) 2, No. 2 (October-March 2004): 2–7.

"Preface: Beginning with Rome," (Special issue, "The Nature of G. P. Marsh: Tradition and Historical Judgement") *Environment and History* 10, No. 2 (May 2004): 123–125.

"The Nature of Environmental History," *Revista de Historia Actual* (*Contemporary History Review*, Spain) 1, No. 1 (2003): 23–30.

"Aristotle," "Egypt, Ancient," "Lucretius," "Mediterranean Basin," and "Theophrastus," in *Encyclopedia of World Environmental History*, 3 vols., edited by Shepard Krech III, J. R. McNeill, and Carolyn Merchant. New York: Routledge, 2004. Vol. I, pp. 64–65, 423–426; Vol. II, pp. 794, 822–826; Vol. III, pp. 1199–1200.

"Europe as Consumer of Exotic Biodiversity: Greek and Roman Times," (Theme issue, "The Native, Naturalized and Exotic—Plants and Animals in Human History") *Landscape Research* (UK) 28, No. 1 (January 2003): 21–31.

"Global Dimensions of Environmental History," (Forum on Environmental History, Retrospect and Prospect) *Pacific Historical Review* 70, No. 1 (February 2001): 91–101.

"Sacred Groves and Conservation: The Comparative History of Traditional Reserves in the Mediterranean Area and in South India," by M.D. Subash Chandran and J. Donald Hughes, *Environment and History* (UK) 6, No. 2 (May 2000): 169–186.

"Dream Interpretation in Ancient Civilizations," *Dreaming* 10, No. 1 (March 2000): 7–18.

"Ramesses III and the Harem Conspiracy," *The Ostracon: The Journal of the Egyptian Study Society* (Denver Museum of Natural History) 11, No. 1 (Spring 2000): 2–7.

"Paraísos no Mundo Antigo: Dos Bosques Sagrados às Ilhas Afortunadas" ("Paradises in the Ancient World: From Sacred Groves to the Isles of the Blessed"), in *História e Meio-ambiente: O Impacto da Expansão Europeia* (*Environmental History: The Impact of European Expansion*), edited by Alberto Vieira, Funchal, Madeira, Portugal, Centro de Estudos de História do Atlántico, Colecção Memórias 26, 1999, 125–140.

"Environmental History—World," in *A Global Encyclopedia of Historical Writing*, 2 vols., edited by David R. Woolf, New York, Garland Publishing, 1998, Vol. 1, 288–291.

(1) "Sacred Groves Around the Earth: An Overview," by J. Donald Hughes and M.D. Subash Chandran; (2) "Sacred Groves of the Ancient Mediterranean Area: Early Conservation of Biological Diversity," by J. Donald Hughes; (3) "Sacred Groves of the Western Ghats of India," by M.D. Subash Chandran, Madhav Gadgil, and J. Donald Hughes, in *Conserving the Sacred for Biodiversity Management*, edited by P.S. Ramakrishnan, K.G. Saxena, and U.M. Chandrashekara. UNESCO. Enfield, NH: Science Publishers Inc., and New Delhi and Calcutta: Oxford & IBH Publishing Co. Pvt. Ltd., 1998, (1) 69–86; (2) 101–122; (3) 211–232.

"Early Ecological Knowledge of India from Alexander and Aristotle to Arrian," in *Nature and the Orient: The Environmental History of South and Southeast Asia*, edited by Richard H. Grove, Vinita Damodaran, and Satpal Sangwan. Delhi: Oxford University Press, 1998, 70–86.

"The Sacred Groves of South India: Ecology, Traditional Communities and Religious Change," by M. D. Subash Chandran and J. Donald Hughes, *Social Compass* (Brussels) 44, No. 3 (September 1997): 413–427.

"Ancient Forests: The Idea of Forest Age in the Greek and Latin Classics," in *Australia's Ever-Changing Forests III: Proceedings of the Third National Conference on Australian Forest History*, edited by John Dargavel. Canberra: Centre for Resource and Environmental Studies, the Australian National University, 1997, 3–10.

"Francis of Assisi and the Diversity of Creation," *Environmental Ethics* 18, No. 3 (Fall 1996): 311–320.

"The Hunters of Euboea: Mountain Folk in the Classical Mediterranean," *Mountain Research and Development* 16, No. 2 (May 1996): 91–100.

"The Effect of Knowledge of Indian Biota on Ecological Thought," *Indian Journal of History of Science* 30, No. 1 (1995): 1–12.

"Ecology and Development as Narrative Themes of World History," *Environmental History Review* 19, No. 1 (Spring 1995): 1–16.

"Grand Canyon" and "John Wesley Powell," in *Conservation and Environmentalism: An Encyclopedia*, edited by Robert Paehlke. New York: Garland Publishing, 1995; 306–7, 532–3.

"Forestry and Forest Economy in the Mediterranean Region in the Time of the Roman Empire in the Light of Historical Sources," in *Evaluation of Land Surfaces Cleared from Forests in the Mediterranean Region During the Time of the Roman Empire,* edited by Burkhard Frenzel. Stuttgart: Gustav Fischer Verlag, 1994 (*Paläoklimaforschung / Palaeoclimate Research;* Vol. 10: European Science Foundation Project "European Palaeoclimate and Man," Special Issue 5), 1–14.

"Images of Nature: The Historical Influence on Environmental Destruction," *The Maine Scholar* 7 (Autumn 1994): 189–196.

"The Integrity of Nature and Respect for Place," in *The Spirit and Power of Place: Human Environment and Sacrality; Essays Dedicated to Yi-Fu Tuan*, edited by Rana P. B. Singh. *National Geographical Journal of India* 40 (1994). Varanasi: National Geographical Society of India, Pub. 41, 1994, 11--19.

"Les Grecs, l'Orient et le savoir Écologique (The Greeks, the East, and Ecological Knowledge)," *Écologie Politique* (France) 8 (Autumn 1993): 87–99.

"Great Kivas of the American Southwest," *Architecture et Comportement: Architecture and Behaviour* (Switzerland) 9, No. 2, Special Issue: Lay-out of Sacred Places (1993): 177–190.

"Early Ecological Knowledge of India," in *Indian Forestry: A Perspective*, edited by Ajay S. Rawat. New Delhi: Indus Publishing Co., 1993, 13–28.

"Sustainable Agriculture in Ancient Egypt," *Agricultural History* 66 (Spring 1992): 12–22.

"The Psychology of Environmentalism: Healing Self and Nature," *The Trumpeter: Journal of Ecosophy* (Canada) 8 (Summer 1991): 113–117.

"Spirit of Place in the Western World," in *The Power of Place: Sacred Ground in Natural and Human Environments*, edited by James A. Swan. Wheaton, IL: Quest Books, 1991, 15–27.

"The Integrity of Creation," in *Peril of the Planet: Ecology and Western Religious Traditions*, edited by Alice G. Knotts. Denver: Institute for Interfaith Studies of the Center for Judaic Studies at the University of Denver, 1990, 25–41.

"Artemis: Goddess of Conservation," *Forest and Conservation History* 34 (October 1990): 191–197.

"Dreams and Dream Imagery in the Egyptian Book of the Dead," in *Historical and Psychological Inquiry*, edited by Paul H. Elovitz. New York: International Psychohistorical Association, 1990, 342–357.

"Mencius' Prescriptions for Ancient Chinese Environmental Problems," *Environmental Review* 13 (Fall/Winter 1989): 15–27.

"Euclid," "Hero of Alexandria," "Hipparchus," and "Theophrastus," in *Great Lives from History: Ancient and Medieval Series*, edited by Frank N. Magill. 5 volumes. Pasadena, CA: Salem Press, 1988; Vol. 2, 694–697, 954–957; Vol. 3, 988–992; Vol. 5, 2132–37.

"Theophrastus as Ecologist," in *Theophrastean Studies* [*Rutgers Studies in Classical Humanities, Vol. 3*], edited by William W. Fortenbaugh and Robert W. Sharples. New Brunswick, NJ: Transaction Books, 1988, 67–75.

"Land and Sea," in *Civilization of the Ancient Mediterranean: Greece and Rome,* edited by Michael Grant and Rachel Kitzinger. 3 vols. New York: Charles Scribner's Sons, 1988. Vol. I, 89–133.

"Forests and Cities in the Classical Mediterranean," in *Perspectives in Urban Geography,* edited by C. S. Yadav. Vol. 10, "Morphology of Towns." New Delhi, India: Concept Publishing Co., 1988, 203–23.

"Human Ecology in History: The Search for a Sustainable Balance Between Technology and Environment," *Journal of the Washington Academy of Sciences* 77 (December 1987): 109–112.

"The View from Etna: A Search for Ancient Landscape Appreciation," *The Trumpeter: Journal of Ecosophy* (Canada) 4 (Fall 1987): 7–13.

"The Dreams of Xenophon the Athenian," *Journal of Psychohistory* 14 (Winter 1987): 271–282.

"Dreams From the Ancient World," in *The Variety of Dream Experience*, edited by Montague Ullman and Claire Limmer. New York: Continuum,1987, 266–278.

"Storici e Storia Ambientale" ("Environmental Historians and Environmental History"), *Quaderni Storici* (Italy), Nuova Serie 62, No. 2 (August 1986): 505–512.

"How Much of the Earth is Sacred Space?" by J. Donald Hughes and Jim Swan, *Environmental Review* 10 (Winter 1986): 247–259. Reprinted in *Environmental Ethics: Divergence and Convergence*, edited by Susan J. Armstrong and Richard G. Botzler. New York: McGraw-Hill, 1993, 172–180; second edition, 1998, 162–171.

"Pan: Environmental Ethics in Classical Polytheism," in *Religion and*

Environmental Crisis, edited by Eugene C. Hargrove. Athens, GA: University of Georgia Press, 1986, 7–24.

"An Ecological Paradigm of the Ancient City," in *Human Ecology: A Gathering of Perspectives*, edited by Richard J. Borden. College Park, MD: Society for Human Ecology, University of Maryland, 1986, 214–220.

"Theophrastus and the Mountain Forests of the Ancient Mediterranean," in *History of Forest Utilization and Forestry in Mountain Regions*, edited by Anton Schuler. *Beiheft zur Schweizerischen Zeitschrift für Forstwesen,* No. 74, Zürich, Switzerland, 1985, 7–20.

"The Dreams of Alexander the Great," *Journal of Psychohistory* 12 (Fall 1984): 168–192.

"Sacred Groves: The Gods, Forest Protection, and Sustained Yield in the Ancient World," in *History of Sustained-Yield Forestry: A Symposium,* edited by Harold K. Steen. Durham, NC: Forest History Society, 1984, 331–343.

"Grand Canyon National Park," in *Encyclopedia of American Forest and Conservation History*, edited by Richard C. Davis. New York: Macmillan, 1983, 272–274.

"How the Ancients Viewed Deforestation," *Journal of Field Archaeology* 10 (Winter 1983): 437–445.

"Gaia: Environmental Problems in Chthonic Perspective," *Environmental Review* 6 (December 1982): 92–104. Reprinted in *The Ecologist* (U.K.) 13 (1982): 54–60. Reprinted in short version in *Omnibus* (U.K.) 8 (1984): 15–18, and again in a special issue (Autumn, 1991): 60–63. Reprinted in *Environmental History: Critical Issues in Comparative Perspective,* edited by Kendall E. Bailes. Lanham, MD: University Press of America, 1985, 64–82.

"Deforestation, Erosion, and Forest Management in Ancient Greece and Rome," by J. Donald Hughes in collaboration with J. F. Thirgood, *Journal of Forest History* 26 (April 1982): 60–75. Reprinted in *The Ecologist* (U.K.) 12 (September 1982): 196–208.

"Early Greek and Roman Environmentalists," in *Historical Ecology: Essays on Environment and Social Change*, edited by Lester J. Bilsky. Port Washington, NY: National University Publications, Kennikat Press, 1980 45–59. Reprinted in *The Ecologist* (U.K.) 11 (January 1981): 24–35.

"The Environmental Ethics of the Pythagoreans," *Environmental Ethics* 2 (Fall 1980): 195–213.

"Views of Climatic Change in Classical Antiquity," in *International Conference on Climate and History: Abstracts*, University of East Anglia, U.K. (July 1979): 80–82.

"Forest Indians: The Holy Occupation," *Environmental Review* 1 (No. 2, 1977 应为 1976): 2–13.

"Havasupai Traditions," by Juan Sinyella, edited and with an introduction by J. Donald Hughes, *Southwest Folklore* 1 (Spring 1977): 35–52.

"The Effect of Classical Cities on the Mediterranean Landscape," *Ekistics* 42 (December 1976): 332–342.

"Ecology in Ancient Greece," *Inquiry* 18 (Summer 1975): 115–125.

"The Deracialization of Historical Atlases: A Modest Proposal," *The Indian Historian* 7 (Summer 1974): 55–56.

"Two Civil War Poems from the Berry Papers," *The Western Explorer* 4 (March 1967): 16–21.

"Spanish Explorers of the Grand Canyon," Part I, *The Western Explorer* 3 (August 1964): 34–40; Part II, *The Western Explorer* 4 (January 1966): 7–9.

三、专栏文章（Columns）:

以下是我以《资本主义、自然、社会主义：社会主义生态学杂志》（*Capitalism, Nature, Socialism: A Journal of Socialist Ecology*）专栏作家的身份，撰写的题为《克里奥池塘的涟漪》（Ripples in Clio's Pond）系列文章的一部分。克里奥是历史女神缪斯，这个池塘让人想起松尾芭蕉（Matsuo Bashô）的著名俳句"古池塘，青蛙跳入，水声响"（Frog leaps into ancient pond—sound of water）。*

* 出自松尾芭蕉《古池》。

"Climate Change: A History of Environmental Knowledge," *Capitalism, Nature, Socialism* 21, No. 3 (September 2010): 75–80.

"Holland Against the Sea," *Capitalism, Nature, Socialism* 20, No. 3 (September 2009): 96–103.

"Mosaic Landscapes and the Human Organization of Space," *Capitalism, Nature, Socialism* 16, No. 4 (December 2005): 77–83.

"Palau: A Parable for the Twenty-First Century," *Capitalism, Nature, Socialism* 16, No. 2 (June 2005): 85–88.

"Social Structure and Environmental Impact in the Roman Empire," *Capitalism, Nature, Socialism* 15, No. 3 (September 2004): 29–35.

"The Looting of the Past in Iraq," *Capitalism, Nature, Socialism* 15, No. 1 (March 2004): 109–111.

"Easter Island: Model for Environmental History," *Capitalism, Nature, Socialism* 14, No. 2 (June 2003): 77–84.

"An Environmental Historian Looks at the 21st Century," *Capitalism, Nature, Socialism* 13, No. 4 (December 2002): 51–62.

"The Top Ten" (events in 20th century environmental history), *Capitalism, Nature, Socialism* 13, No. 3 (September 2002): 119–124.

"Sightseeing vs Biophilia at the Grand Canyon," *Capitalism, Nature, Socialism* 12, No. 4 (December 2001): 123–130.

"Island Trajectories," *Capitalism, Nature, Socialism* 12, No. 3 (September 2001): 119–124.

"New Zealand: The Maori and Island Resources," *Capitalism, Nature, Socialism* 12, No. 1 (March 2001): 115–120.

"The Dams at Aswan: Does Environmental History Inform Decisions?" *Capitalism, Nature, Socialism* 11, No. 4 (December 2000): 73–81.

"On Resigning from the Community of Life," Capitalism, Nature, Socialism 11, No. 2 (June 2000): 129–136.

"The European Biotic Invasion of Aztec Mexico," *Capitalism, Nature, Socialism*

11, No. 1 (March 2000): 105–112.

“Conservation in the Inca Empire,” *Capitalism, Nature, Socialism* 10, No. 4 (December 1999): 69–76.

“The Serengeti: Reflections on Human Membership in the Community of Life,” *Capitalism, Nature, Socialism* 10, No. 3 (September 1999): 161–167.

“Darwin in the Galápagos,” *Capitalism, Nature, Socialism* 10, No. 2 (June 1999): 107–114. Translation, “Darwin en las Galápagos,” *Ecología Política* (Spain) 19 (Primero Semestre 1999).

“The Classic Maya Collapse,” *Capitalism, Nature, Socialism* 10, No. 1 (March 1999): 81–89.

“Bryansk: The Aftermath of Chernobyl,” *Capitalism, Nature, Socialism* 9, No. 4 (December 1998): 95–101.

“Medieval Florence and the Barriers to Growth Revisited,” *Capitalism, Nature, Socialism* 9, No. 3 (September 1998): 133–140.

“A Sense of Place,” *Capitalism, Nature, Socialism* 9, No. 2 (June 1998): 91–96.

“The Preindustrial City as Ecosystem,” *Capitalism, Nature, Socialism* 9, No. 1 (March 1998): 105–110.

“Sacred Groves and Community Power,” *Capitalism, Nature, Socialism* 8, No. 4 (December 1997): 99–105.

“Mencius, Ecologist,” *Capitalism, Nature, Socialism* 8, No. 3 (September 1997): 117–121.

“Rome’s Decline and Fall: Ecological Mistakes?” *Capitalism, Nature, Socialism* 8, No. 2 (June 1997): 121–125.

“Ancient Egypt and the Question of Appropriate Technology,” *Capitalism, Nature, Socialism* 8, No. 1 (March 1997): 125–130.

“Now That the Big Trees Are Down,” *Capitalism, Nature, Socialism* 7, No. 4 (December 1996): 99–104.

“Classical Athens and Ecosystemic Collapse,” *Capitalism, Nature, Socialism* 7, No. 3 (September 1996): 97–102.

"Bali and the Green Witch of the West," *Capitalism, Nature, Socialism* 7, No. 2 (June 1996): 139–145.

"Medieval Florence and the Barriers to Growth," *Capitalism, Nature, Socialism* 7, No. 1 (March 1996): 63–68.

四、教学大纲（Syllabi）:

"Environmental History," *Environmental History Review* 16, No. 1 (Spring 1992): 16–19.

"Ancient Dreams and Dream Interpretation," and "The Environmental History of the Ancient Mediterranean World," in *Ancient History*, edited by Sarah B. Pomeroy and Stanley Burstein, in the series, "Selected Reading Lists and Course Outlines from American Colleges and Universities." New York: Markus Wiener Publishing, 1984. Second edition, 1986, 135–138, 167–170.

"Human Ecology in History," *Environmental Review* 8, No. 4 (Winter 1984): 312–313.

译后记

辛丑盛夏，灾害频仍。在这片国度，原本已经缓和的新冠疫情，因变异毒株“德尔塔”（Delta）突然扩散开来；台风“烟花”吹过之后，暴雨和洪流倾泻。放眼域外，只见多处疫情肆虐，热浪滚滚，洪涝成灾。国内国外，灾害不时发生，不禁使人一次次喟然长叹“环球同此凉热”！如此现状因何而成，天力还是人为，抑或天人交恶？这或许难以精确区分，但无论如何，却反映了人类与自然纠缠不已的命运。

回望历史，是不是可以为理解这样的现实提供必要的参照？如果答案是肯定的，又该到哪里去寻找？历史学者是否可以为人们寻找答案提供有益的指引？带着这样的思绪和惆怅，在这个闷热难耐、紧张笼罩的盛夏时节，我强迫自己静下来，勉力从事《什么是环境史？（修订版）》（即原著第二版）阅读工作，为中译本再版做些准备，真可谓别有一番滋味在心头。

阅读这部著作，感觉处处可见自然之力，甚至满眼尽是灾难，古今中外概莫能外。作者说“灾难是环境史上的突出事件。要严格区分哪些是天灾哪些是人祸，这已经越来越困难了，或许是不可能的”（正文第207—208页）；他还说“瘟疫，虽然是自然发生的，包括与野生动物的接触，但它们在人群中传播是由人类活动决定的。火山和海啸是自然现象，但它们的破坏往往是由于将家园和基础设施安置在已知的危险地区的决定造成的”（正文第208页）。然后，他又指出，“灾难可能来自环境危机；由于环境危机，譬如污染、森林滥伐、战争的环境后果，甚至气候变化等是慢慢累积的，因此它们有时会被忽视，并导致针对穷人的暴力和社会冲突……”（正文第208页）看到这样的观点主张以及相应的历史著述，不禁觉得现实与历史惊人地相似，作者仿佛早就针对我们今天所见的灾难做了明确的解读和机敏的预警。因此，这部著作不啻为思考和应对各种现实问题与灾害提供了有益的指引，值得花功夫推敲、再版。

其实，这项工作原本是我主持的国家社科重大项目研究的必要部分，起初并没有再版中译本的打算。机缘巧合，上海人民出版社的肖峰先生托朋友主动联系到我，谈及再版这部著作的想法。经过一番协商，我们最后确定根据原著第二版译校和再版中译本。寒假期间即已启动，安排了郑伊楠、白婞和那晓蒙三位硕士研究生同学协助，让她们比较原著第二版与第一版，找出修改之处并做初步的处理。等到这个暑期，我在完成一篇拖延多时的约稿之后，便专心阅读这部环境史名著，并通盘校订14年前的拙译。

犹记得，中译本第一版译稿完成后，我将它发给了几位朋友，请他们审读指正。其中包括清华大学教授、国家环保总局原副局长张坤民先生。张先生赞扬了我所做的工作的重要性，也特别指出译文中存在比较生硬的翻译痕迹。对张先生的意见我一直牢记在心。这一次正好可以利用拙译再版的机会，仔细打磨译文，尽可能纠正原译文中因理解不透彻而造成的表达不准确甚至舛误之处，尤其体现在对休斯的环境史定义的理解与再译上。其实，这一问题的解决是颇费思量的，中译本第一版“译后记”原本对此已有所交待。

休斯定义的原文如下：“But what is environmental history? It is a kind of history that seeks understanding of human beings as they have lived, worked, and thought in relationship to the rest of nature through the changes brought by time”，第二版与第一版保持一致。第一次翻译的时候，我小心翼翼，几乎一字不落地译了过来。然而，自己每每读起来都觉得别扭、费解。这一次，我改掉了过分拘泥于原文的毛病，对休斯的定义作了较为透彻的理解，而后尽可能简洁明了地表达，因而较好地解决了定义翻译问题。实话实说，这一次之所以能做到这一点，是因为身边有高人指点，所以心里无比感激，对现在的生活也更加满意。

中译本第一版问世迄今整整13年。这期间，我国的环境史研究有了长足的发展，研究队伍日益壮大，并且已经组织起来；相关研究成果层出不穷，尤其是年轻学人的代表性力作接连问世；青年学生学习、研究环境史的热情持续高涨，人才培养的良好态势已然形成。在此背景下，我们更加需要一部环境史入门指南，以便快捷地进入这一史学新领域。就此而言，这部著作因其“涵盖全球的广阔视野、深入浅出的学术探索以及对前沿成果的良好把握”（第一版中文版封底），依然可以起到恰当的指引作用。

这一次的译校工作同样得到了几位研究生同学的帮助，这在上面已经提及。其中，郑伊楠同学还承担了原著第二版索引的整理工作。她做得十分认真，及时完成了索引的整理。当然，由于我自己的中、英文水平有限以及辨析能力不足，译文中难免存在诸般问题，望学界朋友及读者诸君批评指正。

梅雪芹

2021年8月24日

守望思想　逐光启航

LUMINAIRE
光启

什么是环境史？（修订版）

[美] J. 唐纳德 · 休斯 著

梅雪芹 译

责任编辑　肖　峰

营销编辑　池　淼　赵宇迪

装帧设计　陈绿竞

出版：上海光启书局有限公司

地址：上海市闵行区号景路 159 弄 C 座 2 楼 201 室　201101

发行：上海人民出版社发行中心

印刷：上海盛通时代印刷有限公司

制版：南京理工出版信息技术有限公司

开本：890mm × 1240mm　1/32

印张：10.25　　字数：156,000　　插页：2

2022 年 2 月第 1 版　　2022 年 2 月第 1 次印刷

定价：78.00 元

ISBN：978-7-5452-1939-5 / X · 1

图书在版编目(CIP)数据

什么是环境史？：修订版 / (美) J. 唐纳德 · 休斯著；梅雪芹译 . —上海：光启书局，2021.12

书名原文：What is Environmental History? Second Edition

ISBN 978-7-5452-1939-5

Ⅰ . ① 什…　Ⅱ . ① J…　② 梅…　Ⅲ . ① 环境-历史-研究　Ⅳ . ① X-09

中国版本图书馆 CIP 数据核字（2021）第 259368 号

本书如有印装错误，请致电本社更换 021-53202430